制胜

从知到行的精进之路

陈义丰 ——— 著

金城出版社
GOLD WALL PRESS
中国 · 北京

图书在版编目(CIP)数据

制胜：从知到行的精进之路 / 陈义丰著. —北京：
金城出版社，2019.1
ISBN 978-7-5155-1787-2

Ⅰ. ①制… Ⅱ. ①陈… Ⅲ. ①成功心理－通俗读物
Ⅳ. ①B848.4-49

中国版本图书馆CIP数据核字(2018)第278535号

制胜：从知到行的精进之路

作　　者 陈义丰
责任编辑 李　涛
开　　本 880毫米×1230毫米　1/32
印　　张 7
字　　数 160千字
版　　次 2019年1月第1版
印　　次 2019年1月第1次印刷
印　　刷 三河市百盛印装有限公司
书　　号 ISBN 978-7-5155-1787-2
定　　价 39.80元

出版发行 金城出版社 北京市朝阳区利泽东二路3号　邮编：100102
发 行 部 （010）84254364
编 辑 部 （010）64391966
总 编 室 （010）64228516
网　　址 http://www.jccb.com.cn
电子邮箱 jinchengchuban@163.com
法律顾问 北京市安理律师事务所 18911105819

前言

可以毫不夸张地说，未来十年内，至少50%的人需要转型，平台的重要性正在减弱，对个人的影响正趋于变小。

技术的变迁加快了这一进程，这是管理学大师彼得·德鲁克和哲学家齐格蒙特·鲍曼等人预测的结果。

另外一个现象，就是整个社会普遍性地存在焦虑感，焦虑房子、事业、医疗、教育、养老，等等。这个焦虑感，我认为是不确定性和对此无力感的叠加。如果用公式来定义，就是：焦虑感＝不确定性×无力感。

那么，如何突围，或者我们的未来之路在何方？

这是一个现在就需要思考的问题。

这几年，我将大量的时间用在阅读和思考上，试图找到一些规律。本书就是我深入阅读和思考后的结晶。我期望大家通过阅读本书，对未来的发展能提供一些帮助。不论科技如何发展，人工智能（AI）如何进步，组织如何变迁，我认为本书提供的理念及方法论具有较强的普适性。

本书的逻辑框架是层层递进的关系。第一章从七个方面解决我们的认知问题；第二章提供七项高阶方法论；第三章谈精进执行路径，分为七步骤；第四章从七个方面提供从认知到行动的打造策略；第五章提供从量变到质变的四项思维成长；附录给出了人生进阶的十个工具。具体来说：

从认知层面看，成长型思维、增量思维、弱关系圈子的力量、水平思考、逆向思维、突破“稀缺”思维模式、突破对平台的依赖，都是减少焦虑、增加对未来确定性的前瞻思考和有益建议。

如何突破平台的依赖，改造我们的行动，本书提供了七大方法论：PDCA、TNB、黄金圈法则、同理心、解决问题五步法、细节管理、风险管理。

在精进的具体执行路径上，从设定目标开始，分解目标，分析、解决障碍，用清单协助落地，通过沟通推动执行，用利益绑定合作伙伴，最后复盘总结等七步进行落地。

本书还提供了从认知到行动的自我打造策略，即善用工具自我画像，信守信用的玫瑰，自律，痛苦＋反思＝进步，输出倒逼输入，适合自我的解压，学会选择等进行自我进阶。

如何实现人生进阶，从量变到质变？我认为是从时间管理过渡到精力管理，从外在驱动转变为自我驱动，从主动沟通到影响力制胜，从关注过程管理到强化结果导向。

从知到行，再从行到知。

投资大师查理·芒格说过，如果一个手里只有锤子作为武器的人，那么他解决所有问题的方式就是只会使用锤子。当我们习惯于运用一个心智模型来思考并以此指导实践的时候，我们就会倾向于将所有的事情都硬塞进这个心智模型，而不考虑具体情况如何，这就会导致思维定势或者错误决定。本书可以给你的“武器库”添加实实在在的“武器”。

我是一名思考者，也是一名实践者，书中点滴都是真真切切在我的实际生活和工作中运用、思考、总结复盘后的产物，真诚地希望可以帮到大家。

陈义丰

目录

人生进阶，需要做到两步：第一步是突破认知局限，第二步是埋头苦干。这两步顺序千万不能反了，否则就会事倍功半。首先要解决认知局限问题，这是成功人士的普遍做法。重要的认知包括：固定型思维到成长型思维的变革，存量思维到增量思维的进化，善用弱关系改进认知、解决问题，学会水平思考及逆向思维，突破“稀缺”思维给我们带来的限制，等等。

第二章 人生进阶方法：你需要掌握的七项高阶技能 / 041

解决认知问题后，接下来就是改造行动，但行动不是蛮干，工具和方法论就是我们的武器库。是否有效借助这些工具和方法论，将极大程度地决定我们行动的效率和结果。未来已来，你需要掌握的七项高阶技能并不会随着时间的推移而过时，将会助力我们的人生进阶。

第三章 精进执行路径：不断走向强大的七个步骤 / 085

解决认知、工具和方法论的问题，人生的进阶就进入攻坚阶段。设定合理目标，分解任务，解决障碍，用清单落地，善沟通助执行，利他人，会复盘等，这些步骤娴熟掌握后，你会发现精进是可操作的，并不是空话和口号。

第四章　超强自我管理：从认知到行动的自我打造策略 / 125

除了就事论事，要想持久开展事业，耐力也很重要，需要我们不断精进自我。善用一些性格测试工具了解自我及他人，无疑是打持久战的好方法。另外，讲诚信，懂自律，常反思，善输入，会解压，学不停……这些超强的自我管理策略，可以让你实现从 1 到 N 的完美质变。

第五章　完美蜕变策略：从量变到质变的四项思维成长 / 181

如何用有限的时间和精力，完成从量变到质变的转化？抓住重点，是高效能人士的必备能力。从时间管理到精力管理，找到自我驱动的内在力量，积极沟通善用影响力，以结果为导向，转变你的思维，改变你的行为，从量变到质变反复做这四点就够了。

附　录　助你实现人生进阶的十个工具 / 201

附录列出的十个工具，涉及管理、沟通、问题解决方案等方方面面，应用广泛。如果能充分利用这些工具，不论在职场还是日常，打工还是创业，做上级还是做下属，都会让我们受益无穷，人生进阶之道尽在其中。

第一章

突破认知局限：从 0 到 1 的七项烧脑思考

人生进阶，需要做到两步：第一步是突破认知局限，第二步是埋头苦干。这两步顺序千万不能反了，否则就会事倍功半。首先要解决认知局限问题，这是成功人士的普遍做法。重要的认知包括：固定型思维到成长型思维的变革，存量思维到增量思维的进化，善用弱关系改进认知、解决问题，学会水平思考及逆向思维，突破“稀缺”思维给我们带来的限制，等等。

诺贝尔经济学奖得主丹尼尔·卡尼曼博士颠覆了经济学的根基，他虽然是一位心理学家，但他的研究在经济学领域也受到了极大认可。

几个世纪以来，经济学家的理论大都建立在“理性人假设”的基础之上，即假设人们消费时会对简单的成本效益分析，从而理性消费。丹尼尔·卡尼曼博士的研究却得出这样的结论：个人的决策大都是出于直觉、背景和错误的推论（系统1），而所有这些因素都是可控的。

在他看来，直觉就是那些迅速冒出来的想法，无须费力，而理智需要费神考虑（系统2），当然也就相对要慢一些。每个人都是二者兼顾，既凭直觉也靠理智，但通常我们是受直觉层面引导而行动的，大多数时候我们都不会放慢速度来仔细推理。

了解这些，卡尼曼博士给我们的启发是：在面临一些事情时，我们是不是可以不仅仅用系统1快思考，而加入更多的系统2慢思考。

而另外一位社会心理学家法国人古斯塔夫·勒庞在他所著的对世人最有影响力的著作《乌合之众》中提到：

> 孤立的个人很清楚，在孤身一人时，他不能焚烧官殿或洗劫商店，即使受到这样做的诱惑，他也很容易抵制这种诱惑。但是在成为群体的一员时，他就会意识到人数赋予他的力量，这足以让他生出杀人劫掠的念头，并且会立刻屈从于这种诱惑。出乎预料的障碍会被狂暴地摧毁。人类的机体的确能够产

生大量狂热的激情，因此可以说，愿望受阻的群体所形成的正常状态，也就是这种激愤状态。

人一到群体中，智商就严重降低，为了获得认同，个体愿意抛弃是非，用智商去换取那份让人备感安全的归属感。

我们以为自己是理性的，我们以为自己的一举一动都是有其道理的。但事实上，我们的绝大多数日常行为，都是一些我们自己根本无法了解的隐蔽动机的结果。

群众从未渴求过真理，他们对不合口味的证据视而不见。假如谬误对他们有诱惑力，他们更愿意崇拜谬误。谁向他们提供幻觉，谁就可以轻易地成为他们的主人；谁摧毁他们的幻觉，谁就会成为他们的牺牲品。

勒庞的话揭示了人性的弱点，让人触目惊心。他提出的解决方法是：

在迫不得已的情况下，我们也许还是会愿意接受传统教育当中所有的弊端，因为尽管它只会培养一些被社会所抛弃的人、心怀不满的人，但起码，对冗繁知识的肤浅掌握，对成堆教科书的完美背诵，或许可以提高智力水平。但事实上它真的能提高智力吗？不可能！在生活中，判断力、经验、进取心和个性，这些才是取得成功的条件，这些都不是书本所能够给予的。书本是可供查询的有用字典，但倘若把这些冗长的词条都装在脑子里，那可是一点用都没有。

而提升我们的判断力，提升认知水平，建立必要的“防火墙”，从不同维度提升、优化思考方式，是抵御这种人性癫狂的一种有效路径。

人和人之间成功的差异，很多时候就是认知和决策的差异。但是，就像勒庞说的，书本不是灵丹妙药，知识要转化为能力，能力转化为产出，这中间有很大的距离，需要我们每个人做出极大的付出和努力。

成长和进化比我们想象的要难得多。下面，我们先从突破认知局限开始说起。

一　从固定型思维进化到成长型思维

2018年6月，微软股价最高达到102.69美元，市值高达7886亿美金，在过去的32年中，微软股价从来没有如此之高。

微软可以创造这样的神话，背后离不开一个关键先生，他就是微软CEO萨蒂亚·纳德拉。

2014年2月，微软宣布由萨蒂亚·纳德拉出任新一任CEO，他也成为继比尔·盖茨和史蒂夫·鲍尔默后微软第三位首席执行官。

仅仅三年多，萨蒂亚·纳德拉就带领此前被看衰多年的微软取得如此之大的成就，谁说大象不能跳舞？

翻开纳德拉写的《刷新：重新发现商业与未来》，我们可以找到其中的答案。书中除了回顾他个人成长经历外，他提出同理心、重塑文化的重要性，还有一点至为重要，那就是成长型思维对他产生的巨大影响。纳德拉积极将此思维运用到微软，并产生了正向积极的改变，公司的文化也得到重铸，微软变得更“酷”了，重新成为大学生首选的理想公司之一。

“成长型思维”是很多成功企业家提到比较多的思维方式，如微软的创始人比尔·盖茨、GE的前CEO杰克·韦尔奇等。

成长型思维模式稀缺但价值巨大

在美国，一些学校也很看重“成长型思维”的重要性。学校给孩子们培养这样的“成长型思维”的观念。研究表明：拥有成长型思维的孩子做事不易放弃，更能从过程中享受到乐趣，更容易寻求帮助，复原力更强，更加坚毅。他们会更在意自己从一件事中是否真正学到了东西，而不仅仅是能够通过考试。

畅销书《终身成长：重新定义成功的思维模式》系统地提出了“成长型思维”的概念，并将此定义为成功的思维模式。在书中，斯坦福大学心理学教授德韦克介绍了固定型思维模式和成长型思维模式这两种思维模式，同时也说明了人们应对成功与失败、成绩与挑战时的两种基本心态。

通过观察发现，生活中到处充满了固定型思维模式的人。很多人在面对困难时，习惯性地将责任归结到外部环境等因素，而不是从自身找原因。这样的人在职场中随处可见，甚至不乏一些高学历、经验相当丰富的人。

拿微软来说，按照一般的企业周期理论，我们很难相信、实际也非常罕见这样体量的公司会再创辉煌。因为按照常见的思维模式是，微软这样的公司走下坡路是正常的，不可能焕发第二春，纳德拉能维持住现状就很了不起了。

但纳德拉不这样认为，他通过加大“云服务”这个创新业务的投入，驱动了整个微软产品结构的巨大重组；他对微软整个文化进行了重塑……这一系列的动作，帮助微软在短短几年里焕发了第二春。

成长型思维模式和固定型思维模式差异

通过对比发现，固定型思维模式和成长型思维模式差异体现在诸多方面：

成长型思维	固定型思维
看重未来的可能性	看重现在的格局和利益
努力更重要	聪明最重要
愿意承认自己错了	证明自己没有错
开放	封闭
合作意识强，像水	攻击性强，像火

差异不限于上述罗列，这两种思维模式体现在其他诸多方面，如就学习力而已，前者更愿意学习新鲜事物，后者则相对学习意愿较弱。

从固定型思维模式进化为成长型思维模式

以我为例，我25岁以前眼中揉不进沙子，处处张扬着自己对这个世界认识是何其正确。比如，读大学的时候看不惯学生会干部对系里老师溜须拍马的样子。我也看不惯长辈们的乡愿气，觉得你们怎么可以这样没有原则，只知道和稀泥？

诸如此类的“我以为”。

现在看来，我当时看不到别人背后的付出和努力，总是自以为是，具备典型的“固定型思维”特征。

直到后来，我获得第一份工作在某世界500强公司，当时我的老板崔总，在一次因为我在抱怨和其他同事合作分工细节有分歧的时候，对我说：“我们永远不应该忘记我们做一件事的目的，如果他人的行为对我们完成这个工作目标有帮助的时候，我们不应该抱怨太多，相反应该感谢。”

这段话，十多年过去了，我依然清晰记得，在工作、生活中经常会想起，尤其是面临困境的时候。

我当时的老板就是典型具备成长型思维的经理人。后来我在带团队时，也经常用这段经历来辅导我团队的成员。

我逐渐明白：

1）工作配合不那么到位的人，或许有他的难处，我应该更多地和他沟通、协调；

2）不按照我的方案行事的人，我该反思是不是方案设计时没有很好地考虑到他们的利益；或者没有考虑全面，存在漏洞；或者让别人承担了更多的工作责任……

3）沉默不言的人，或许我说得太多让他有压迫感，我该多倾听他人的意见；

4）靠所谓关系取胜的人，其实他们除了智商以外，还善用情商等软实力。

二 从存量思维进化到增量思维

我们常常用“基层员工主要做事、领导主要做人”来对这两类人来做简单区分。

但我觉得，领导和员工，尤其高层级员工和一般员工区分还有一点尤为重要，那就是增量思维和存量思维的差异。总体而言，做到高层的人更容易从增量思维角度来看待问题，这一点从我过往接触的很多优秀领导身上感受较深。

缺乏“增量思维”的人，往往希望守住已有资源；而具备增量思维的人明白“不破不立”。用公司来比拟，前者是诺基亚、摩托罗拉，后者是苹果、微软。

增量思维和存量思维的差异，其实也可以看作是另外一种工作思路。很多时候，如果我们能扔下旧问题，不患得患失，学会引入新的“增量”。虽然旧问题似乎没有得到解决，但是随着新“增量”的引入，旧问题解决的可能性却大为增加。而在旧的利益格局中是永远得不到解决的。就像大城市“最后一公里”的解决，最终也并不是通过交通规划等方式得到有效缓解，而是在互联网共享思维下，由市场产生了共享单车这种商业模式在某种程度上予以解决。

我们往往在做一件事时喜欢用存量思维的方式来思考，思考“我们有什么”，但如果我们用增量思维来思考，我们首先想到的大多应该是我们“想要什么”。这就是两种完全不同的思维方式。

经典的如英特尔公司砍掉其发家的存储器业务，就是一种从存量思维到增量思维的转变。

1985年的一天，创始人安迪·格鲁夫和当时英特尔公司的董事长兼首席执行官戈登·摩尔在办公室里交流。安迪·格鲁夫朝窗外望去，远处，大美利坚游乐园的“费里斯摩天轮”正在旋转。安迪·格鲁夫回过头问戈登·摩尔：“如果我们被踢出董事会，他们找个新的首席执行官，你说他会采取什么行动？”戈登·摩尔犹豫了一下答道：“他会放弃存储器的生意。”安迪·格鲁夫死死盯着对方说：“你我为什么不走出这扇门，然后回来自己做这件事呢？”

事实上，这次谈话后，安迪·格鲁夫和戈登·摩尔终于下定决心开始了艰难的跋涉，彻底放弃了存储器生意。虽然当时在很多人尤其英特尔员工心目中英特尔就是存储器。

安迪·格鲁夫是典型的具有增量思维的经理人，他没有被存量利益格局绑架，最终带领英特尔转型为一家处理器为核心业务的科技公司。因为他知道未来就是趋势，是增量，是希望，选择增量就是选择希望。

一道面试题：你是选择做大池塘里的小鱼，还是选择做小池塘里的大鱼？

我多年前在面试他人的时候，很喜欢问候选人“你是选择做大池塘里的小鱼，还是选择做小池塘里的大鱼”这个问题。

实际上，像很多面试题一样，这是一个开放式问题，而不是封闭式的问题。这个考题并没有什么标准答案，主要的考察点是在随后的第二问，就是你选择的原因是什么，从而考察你思考的逻辑。

正如彼得·德鲁克在《21世纪的管理挑战》中提到的类似话题——这是一个应该事先知道的大事。在紧张和不安的情况下能做好工作，还是在准备就绪的情况下能做好工作？在大组织里作为齿轮就能做好工作，还是在小组织里作为大人物能做好工作？基本上没有哪种情况都适合。

如果选择做小池塘里的大鱼，难点在于池塘就这么大，发展空间可想而知，怎么找到一个说服考官的逻辑是考验；而选择做大池塘里的小鱼，难点在于你是不是进取心不够，为什么不争先，当然一些求职者会从希望和公司一起成长，在大池塘里逐步成长为大鱼的角度来进行阐述。

以我个人为例，我曾经有过跟随一家规模较小公司变成规模很大公司完整的体验，这是一个收获颇多的体验。我也曾有过参与从底部逐步反弹上扬，化成好看曲线的工作体验。

成长是永恒的话题。

实际上，我们的回答可以更加发散一些。针对一些对创造性、业绩要求较高的思维，求职者需要有增量思维，鱼并不一定在鱼塘里，也不会就满足在鱼塘里游泳，还要思考有没有更加广阔的世界，毕竟除了鱼塘还有江海河流。

增长是王道

这几年，中国的实体经济出现很多问题，全国各地的中小企业普遍经营困难，即使大力压缩各项开支和成本，很多企业也已经撑不下去到了关门的边缘。

我认为一家企业的运营，最核心不是利润，不是成本，而是收入，尤其是收入的增长。

GE的前CEO也是管理大师杰克·韦尔奇在《商业的本质》一书中提出“增长是王道”，他在书中还提到对增长有益的六个工具：

1）为公司注入新鲜血液；

2）要集中资源，不要分散资源；

3）重新定义创新，让每个人参与其中；

4）利用最优秀的人才实现增长计划；

5）为员工提供合理的薪酬；

6）通过任何手段拉拢那些抵制增长计划的人。

混沌大学的李善友教授也认为一个企业第一重要的事情就是增长，并将增长分为稳定的线性增长和第二曲线的增长。前者是原有曲线里面渐进式增长，只能产生10%左右的增长速度；而后者并不是在原有曲线里连续性地进步，而是“非连续性地”跳到第二曲线里面。显然，后者的增长难度更大，也代表着更高的格局观。

存量思维是小富即安，增量思维认为增长是王道。当一家企业没有增长、没有增量的时候，往往是矛盾激发和负能量增多的时候，也是考验企业一把手的“至暗时刻”。这个时候能不能像安迪·格鲁夫一样抓住变革的机会至关重要，而且这样的窗口期不会太久。

而对我们个体也一样，在一个没有增长的企业里工作，在大势面前，个人的力量往往很有限，这个时候要未雨绸缪，加强提升职业技能，增强个体的竞争力。

三　善用弱关系，有效解决问题

万科的创始人王石写过一篇文章《企业管理需要弱关系》，内容如下：

企业最难处理的永远是内部的人际关系。

任何企业的第一批元老，一定是强关系。早到三个月的就是老人，早到两年的就是元老。

很快你就会发现，元老很难受，他们忠心耿耿，但他们排斥新来的人，强关系后的你怎么平衡？

我是1983年到的深圳，从1984年开始，每年最重要的事，就是平衡新人与老人的关系，平衡各种派系。这是个很烦人的工作。于是，这么多年过去了，万科形成了另一种文化，叫作弱关系文化。

弱关系怎么维系呢？就是契约。

契约有几个要求：自愿、公平、执行。

按我现在的年纪，外甥、子女辈的有一大堆了，算下来有很多亲戚，但在万科，我一个亲戚也没让进来。我当过兵，但万科没有我的部队战友，也没有儿时的玩伴、机关干部。

所以你才有平等公平。

万科有很多清华、北大毕业的员工。你不用和董事长认识，你只要能干就行。

有人说，创业公司刚开始时什么资源都没有，所以那个时期需要强关系，大家一起往前走。当渐渐有名气和资源了，再慢慢转换为弱关系。

这个说法有道理，但它的逻辑其实涉及一个问题——究竟应该按西方的制度，即透明的方式管理，还是按照传统的中国思想来进行管理？其核心，就是最后谁来裁定你究竟是错了还是对了。

西方有行业协会、律师协会来裁定，但在中国就是官本位，靠职务高低。中国缺乏契约精神，或者说跟西方的含义不一样。它甚至把毁约的原则都定下来了。所以，在公司开始的时候，你就要想好未来究竟用什么样的制度来管理。

大前年我到美国之后，万科管理层批了到美国投资，最后他们派不出总经理来。因为这个总经理首先要懂房地产，其次还要了解万科，至少会讲英文、有海外生活的经历。我们在万科内部找海外毕业的、懂房地产的、在万科工作过一段时间的人，最后发现找不到，或者说符合条件的人都不愿意出国。没办法，只能在外面招。招到总经理后，项目进行得异常顺利，这就是弱关系文化的好处——契约精神。这是个成熟的市场，市场各个方面信息透明。

那个项目在旧金山，我在东部，参加动土仪式，我到工地一看，我在中国没有拿过这么好的地。第二个项目在纽约的东城，曼哈顿67大街，这个项目就是我梦想的项目。

我心目中想的东西怎么就这么立在这里？这或许跟我们的弱关系文化有关。

所以，一旦公司内部形成强关系，要转变的时候，会非常难。如何把强关系转成弱关系？如何把传统企业优良地继承下来？如果不解决这个问题，你的企业未来不可能持久。

这是我们中国企业家到现在真正的共性的问题。

王石的观点很多人并不一定认同，不是说“打仗亲兄弟，上阵父子兵”吗？曾国藩的湘军和李鸿章的淮军战斗力强不也主要是因为都是兄弟、父子、老乡组成的强关系组织吗？

话虽如此，强调弱关系并不是否定强关系的重要性，而是我们很多人轻视了弱关系的重要意义。

强关系带来情，弱关系带来钱

看日剧《东京白日梦女》，发现关于30岁女人的纠结，不仅中国有，日本也有，而且更厉害。

吉高由里子、荣仓奈奈和大岛优子三位扮演从小城市去东京打拼的好闺蜜。在感情生活方面，她们也是“难姐难妹”。片中的男主人公，一个名叫Key的金毛，年轻帅气，话不多，却句句见血。

Key说，你们这三个女人就知道整天聚会、喝酒、做白日梦，所以爱情婚姻方面没有进展，完全是咎由自取。她们甚至嘲笑积极参加相亲的朋友，并且奚落已成家朋友的老公太胖、太丑。

当她们年过30岁时受到Key刺激，鼓起勇气参加相亲活动，却受到冷落——发现男性都选20多岁的女性。

可以说，正是闺蜜之间的强关系而不是恋爱之间的强关系，妨碍了她们各自感情生活的发展。

美国斯坦福大学教授马克·格兰诺维特研究发现，在传统社会，每个人接触最频繁的是自己的亲人、同学、朋友、同事……这是一种十分稳定的然而传播范围有限的社会认知，这是一种“强关系”。

同时，还存在另外一类相对于前一种社会关系更为广泛的，然而却是肤浅的社会认知，格兰诺维特把后者称为“弱关系”。他研究发现其实与一个人的工作和事业关系最密切的社会关系并不是

“强关系”，而往往是“弱关系”。

以找工作为例，他调查发现100人中有54人是通过个人关系找到的；在这些靠关系找到工作的人中只有16.7%经常能见到他们的这个“关系”，也就是每周至少见两次面；而55.6%的人用到的关系人仅仅偶然能见到，意味每周见不到两次，但每年至少能见一次；另有27.8%的帮忙者则一年也见不到一次。也就是说大多数你真正用到的关系，是那些并不经常见面的人。这些人未必是什么大人物，他们可能是已经不怎么联系的同学或同事，甚至可能是你根本就不怎么认识的人。他们的共同特点是都不在你当前的社交圈里。“弱关系”虽然不如“强关系”那样坚固，却有着极快的、低成本和高效能的传播效率。

一个人的亲朋好友圈子里的人可能相互认识，因而在这样圈子中，他人提供的交流信息总是冗余。比如，从这个朋友或亲戚听到的，可能早已经在另一个朋友或亲戚那里听说了。这就容易导致效率低下，信息过载。而像那三个“东京白日梦女”，业余时间大部分都凑在一起，很难有机会认识新朋友，接触新信息。

由此可见，弱关系促成了不同群组之间的信息流动，弱关系传播了人们原本不太可能看到的信息。

弱关系的本质不是人脉，而是信息的传递

弱关系理论的本质不是人脉，而是信息的传递。例如，一个被人无意间提到的人却带来了非常有价值的信息，很多企业的创造就是因为无意间得到信息促发思考而产生的。这方面，中国有很多草根企业家的案例。

如今的移动互联网社会看起来获取信息很容易，但通过公开渠道得到的信息实际上是高度雷同的。而亲朋好友这样亲密的强关系，大家彼此了解，虽然沟通成本低，但从思维模式角度衡量，话说多了就没有新意了，并不会对我们的成长有特别帮助，或者说是远远不够的。最有效率的交流，往往是跟不太熟悉的对象进行的。

善用弱关系，有效解决问题

因为强关系的圈子同质性，提出解决问题的思路往往大同小异，而弱关系这些所谓的“局外人”没有这些束缚，可以从完全不同的思维角度分析思考。

在我业务时间打造的社群“F进化圈”里，圈友不时会提出一些自己很难解决的问题。从实际情况来看，一些圈友认为的极限往往只是别人的起点，已经烦恼几个月甚至几年的所谓难题，其他圈友指导一下或者推荐一本书就轻松解决了。

去旅行，提升弱关系

为什么要旅行？

有人说，旅行就是远离家乡，去一个陌生新鲜的地方，更多地了解自己，学会和自己以及旅行中遇到的一切相处，面对陌生的环境，增强自己的环境适应性；有人说，旅行最大的好处，不是能见到多少人，见过多美的风景，而是走着走着，某个瞬间，突然重新认识了自己；而诗人北岛说，一个人的行走范围，就是他的世界。

墨西哥籍获得诺贝尔文学奖的作家奥克塔维奥 · 帕斯说：“旅

行的愿望，在人身上是与生俱来的。谁要是从未萌生过此念，那绝非人之常情。每次旅行向我们展现的国度，对全体造访者来说，原本是同一个，可是在每一位旅行家的眼里，却又有见仁见智的不同。”

旅行，也是我们建立弱关系的一种有效方式，可以让我们开眼观世界，这是读再多的书也无法替代的。

通过类似旅行这样的弱关系的连接方式来减轻强关系给我们带来根深蒂固的影响，或者进化我们的思维，这不能不说是一种有效的方式。

四　从垂直思考到水平思考

对于大导演史蒂文·斯皮尔伯格而言，最黑暗的日子出现在他拍摄电影《大白鲨》期间。当时他已经“挥霍”了所有电影制作经费，而制作方的耐心也到了极限。当时的斯皮尔伯格忧心忡忡，担心《大白鲨》会成为他的最后一部电影。

究竟发生了什么？

问题就出在鲨鱼身上。这条被称为布鲁斯的机械鲨鱼，不会游泳，不会撕咬，甚至踩水也不会，它是一头异常复杂的气动巨兽，连接在150英尺的软管上，而软管另一端连接着漂浮在船上的压缩机。

操控它需要一支小型的军队，每个人操控不同的控制杆，来控制它的鱼鳍、眼睛和嘴巴。然而，这条鲨鱼却是个失败品。它不时罢工，几乎每天都需要维修。即使它处于最佳状态，也动作缓慢，噪声巨大。

面对这条已经花费数百万美元的鲨鱼，斯皮尔伯格陷入两难境地——投入仅有的资源修理鲨鱼，还是放弃……他可以预见的是，在耗费所有金钱和时间后，他的这部尚未完结的电影将寿终正寝。

他还有一个选择，放弃这条，重新设计一条。但是，万一新的鲨鱼和这条一样……他不敢再想下去了……他已经陷在问题中不能自拔。

但是，值得庆幸的是，斯皮尔伯格并没有受限于这个问题（这就是优秀者和平庸者的差异）。斯皮尔伯格将这条机械鲨鱼的失败视为一次机遇，重新检讨自己所做的一切。最后，他放弃了争取注定得不到的更多资金支持，

他寻求全新的解决方案。他想到了大导演希区柯克，如果他是我，他会怎么做？

斯皮尔伯格突然想到，在海洋里，当人在踩水时，最恐怖的事情是什么？

是……无法看到自己的双足，看到腰腹以下一切，带来的不安感！

他从这个灵感中找到了解决方案，就是鲨鱼的形象，一半身体在水面上，一半在水下，意味着更大的杀伤力和威胁。

鲨鱼并没有占据每个场景的中央，相反在第81分钟才露出它的完整面目。

最后的结局是，这部影片获得超乎寻常的成功，也奠定了斯皮尔伯格在影坛的更加荣耀的地位。如此，才有了后来的《E.T.外星人》《侏罗纪公园》《拯救大兵瑞恩》。

我们发现这样的秘诀，如果我们一直关注问题本身，并以此决定之后的每一个行为，就很有可能会失败。而如果我们将问题放在

一边，突破就事论事思维，着手寻找解决方法，就可能打破限制，成功将问题解决。

斯皮尔伯格并没有按照通常的解决问题的逻辑思考方式，锲而不舍去解决机械臂操控不佳的问题，而是采取了一种全新解决问题的路径。这样的思考方式就是我们这节要重点谈的水平思考。

什么是水平思考

水平思考这个概念是由著名思维大师、心理学家爱德华·德波诺博士于1967年提出的，是一种新型思考方式，它旨在推动人们进行创新思维。

他将思维方式分为两种类型：一种是垂直思考，以逻辑与数学为代表的传统思维模式；而另一种是水平思考，其核心是提供一套有意识、系统创新思维的方法，培养人们对于创造力的态度，赋予人们有效的思考工作，进行更高效而富有建设性的思考。

这种创新思考模式对中国教育来说具有一定意义，因为我们从小到大接触到的是应试教育，考察重点在于记忆力等。数学考试虽然也强调解题思路，但是从实际情况来看，不少学校培养出来的学生是通过不断地做题来提升考试成绩。

在这样一个被林语堂先生认为过度崇尚“记忆力”的国度，独立思考和创造性思考方式是不足的。

水平思考与垂直思考的差异及运用

相对水平思考，常见的思考革新方式还有“头脑风暴”等。接下来我们先对垂直思考进行分类：

垂直思考	水平思考
主要左脑思考	主要右脑思考
前门思考	后门思考
直线思考	曲线思考
主要逻辑思考，分析性的	强调即兴发挥，启发性的
选择性的	创造性的
“在盒子里”思考	“跳出盒子”思考
相对确定性的	概率性的

垂直思考一般会得出答案。比如，我们数学解题时肯定会得出答案。而水平思考也许不能直接得出答案，只能为我们提供重构模式、发现解决方案的可能性。

一个袋子里有多个黑球和一个白球，假如袋子是不能看到球的颜色，我们每次“盲选”拿一个白球的概率相对黑球的概率会低。如果我们一直向袋子里倒入白球，拿出白球的概率就会持续上升，但无论如何也不能保证我们一定会拿出白球。

为了大家更加直观地了解，我再讲一个故事——

许多年前，一个倒霉的商人欠了别人一大笔钱。由于没钱还债，商人很可能被债主投进大牢。

债主是个又老、脾气又大、长得很丑的糟老头子，但他却看上了商人年轻貌美的女儿。于是，他告诉商人：“我有个办法，不仅可以把你的债务一笔勾销，还能让你的女儿免于因为你入狱而流落街头。”

具体办法是这样的：债主把一黑一白两块小石头，放进一个空袋子里，然后让商人的漂亮女儿摸出一块。如果摸到白石头，则她父亲的欠债一笔勾销；如果摸到黑石头，她父亲的欠债也一笔勾销，但她必须嫁给债主。如果她不答应这个游戏，那么她父亲会被立刻投进监狱。

父女别无选择，只好答应。

于是三人来到债主花园内铺满鹅卵石的小路上，债主俯身捡起两块黑色的小石头扔进钱袋里，他自以为神不知鬼不觉，却不知这一切都被商人的女儿看在眼里。

想想看，假如这个时候商人或者他的女儿向你求救，你会提出什么样的建议？

按照正常的逻辑来思考，肯定是不行的，这一点我估计你也知道。按照一般的逻辑思维，可能性如下：

1）商人的女儿摸出一块黑色石头，认命牺牲自己，商人免于牢狱之灾；

2）商人的女儿拒绝选择，商人入狱；

3）商人的女儿揭露债主的把戏，并要求对方给说法，债主给出的说法就是“爱玩不玩”，商人入狱；

4）商人的女儿找第三方帮忙，揭露债主骗人把戏，债主恼羞成怒——“爱玩不玩”，商人入狱。

当然，有很多种可能性。垂直思考者会想，肯定要摸出一块石头，这个前提是很难被改变的，问题是怎么在前提不变的情况下帮她脱身。而水平思考者则会换个角度看问题，会思考如何改变这个前提。前者会用比较理性的方式，顺着逻辑的链条想办法，而后者则不走寻常路，用一种不同的方式看问题，而不是轻易接受别人的前提条件。

故事的结局是这样的：

> 商人的女儿把手伸进钱袋，掏出一块石头，还没来得及看清石头的颜色，她就故意把它掉到地上，跟一堆鹅卵石混到了一起。
>
> “我真是太笨了，”她连声自责，“但没有关系，只要看看钱袋里的那块石头是什么颜色，就可以知道我刚才摸出的那块石头是什么颜色了。”
>
> 债主当场傻掉了，一句话也说不出来，只好让那个女孩拿出钱袋里的石头，结果可想而知。

就这样，通过水平思考，商人的女儿反败为胜，在一场看似必输的赌局中打败了对手。

五 股神巴菲特的逆向思维你学会了吗

股神巴菲特有句名言：在别人贪婪的时候我恐惧，在别人恐惧的时候我贪婪。这是逆向思维最好的描述之一。

巴菲特的这种思维方式对于他的成功起到了很关键的作用，在2008年金融危机最艰难的时候，他采取主动买套的方式投资了不少他认为价值被低估的股票，虽然短期账目亏损不少，但最终巴菲特取得了很好的收益。

他在金融危机最危险的时刻，在美国《纽约时报》撰文《我正在买入美国》，再次阐述了他的逆向投资思维：

> 无论美国还是世界其他地方，金融市场都是一片混乱。更糟糕的是，金融系统的问题已渗透到整体经济中，并且呈现出井喷式发展。短期内，美国失业率将继续上升，商业活动停滞不前，而媒体的头条也令人心惊胆颤。
>
> 因此……我一直在购买美国股票。我指的是自己的私人账户，之前该账户除了美国政府债券外没有任何资产（这不包括我所持伯克希尔-哈撒维公司的资产，因为这部分资产将全部投入慈善事业）。如果股价价格继续保持吸引力，我的非伯克希尔净资产不久后将100%是美国证券。

为什么？

我奉行一条简单的信条：别人贪婪时我恐惧，别人恐惧时我贪婪。当前的形势是——恐惧正在蔓延，甚至吓住了经验丰富的投资者。当然，对于竞争力较弱的企业，投资人保持谨慎无可非议。但对于竞争力强的企业，没有必要担心他们的长期前景。这些企业的利润也会时好时坏，但大多数都会在未来5年、10年或20年内创下新的盈利纪录。

澄清一点：我无法预计股市的短期波动，对于股票在1个月或1年内的涨跌我不敢妄言。但有一种可能，即在市场恢复信心或经济复苏前，股市会上涨，而且可能是大涨。因此，如果你想等到知更鸟报春，那春天就快结束了。

在经济大萧条时期，道琼斯指数在1932年7月8日跌至41点的历史新低，到1933年3月富兰克林·罗斯福总统上任前，经济依然在恶化，但到那时，股市却涨了30%。

第二次世界大战初期，美军在欧洲和太平洋遭遇不利。1942年4月，美国股市跌至谷底，当时距离盟军扭转战局还很远。同样，20世纪80年代初，尽管经济持续下滑，通货膨胀加剧，但却是购买股票的最佳时机。简而言之，坏消息是投资者的最好朋友，它能让你以较低代价下注美国的未来。

长期而言，股市整体是趋于利好的。20世纪，美国经历了两次世界大战、代价高昂的军事冲突、大萧条、十余次经济衰退和金融危机、石油危机、流行疾病和总统因丑闻而下台等事件，但道指却从66点涨到了11497点。

也许有人会认为，在一个持续发展的世纪里，投资者几乎不可能亏钱。但确实有些投资者亏了，因为他们总是在感觉良好时买入，在市场充斥着恐慌时卖出。

今天，拥有现金或现金等价物的人可能感觉良好，但他们可能过于乐观了，因为他们选择了一项可怕的长期资产，没有任何回报且肯定会贬值。其实，美国政府的救市政策很可能导致通货膨胀，并加速现金贬值。

未来十年，证券的投资回报率肯定要高于现金，也许会高出很多。那些手持现金的投资者还在等待好消息，但他们忘了冰球明星韦恩·格雷茨基（Wayne Gretzky）的忠告："我总是滑向冰球运动的方向，而不是等冰球到位再追。"

我不喜欢对股市进行预测，我再次强调，我对股市的短期行情一无所知。我看到一家开在空荡荡银行大楼里的餐馆打出的广告：

"从前你的钱在这里，今天你的嘴在这里。"但今天，我的钱和嘴巴都在股市里。

这种逆向思维不是说一定要和主流对着干，而是深刻思考、分析情景后的理性判断和强大决断。

使用这种思维方式有以下几个误区值得我们警惕。

沉没成本

喜欢玩牌的人应该会有这样的体会：一般输钱的人总是希望延长点时间，试图能赢回已输掉的钱，最后很有可能打牌的时间比约定的时间延长了许多。

输钱的人不甘心，不愿意承受"已确定的金钱损失"，即使金额不大。因此说，心平气和地接受"沉没成本"比想象中要难得多。

假如你从20岁就开始以结婚为目的开始和男（女）友交往，虽然后来你隐隐觉得对方不靠谱，但直到35岁才认清对方的真面目，你本该尽快与对方分手开始新生活，却会因"不想浪费之前的相处时间"而犹豫不决，难以做出分手的决定。

我们并不像自己认为的那么理性，不夸张地说"傲慢与偏见"才是常态。

有研究表明每个人每天会有700次以上的自动思考，这些思考之中有比较清晰的，也有意识模糊不清的。这些就是"认知偏差"。

比如，你的同事与你擦肩而过，对你的招呼毫无反应，实际上他只是没有注意到你而已，但你心里却有"他讨厌我，我不知道什么时候得罪了他"的想法。

人类是有感情的动物，我们的行为会受到感性因素的影响，这是人区别于动物最关键的因素之一。

我们很多人对初恋不能忘怀，不是因为初恋和自己多么合适，而是脑海中的记忆是一种荷尔蒙引发的非理性“认知偏差”——已失去初恋朦胧的感觉带来的“痛”占据了更多的心智。

心平气和地接受“沉没成本”的确很难，但是能做到，就体现我们具备强大的优势。

最大的风险是不冒风险

我们在分析巴菲特的逆向投资思维时，可以明显发现巴菲特和别人不一样，因为他善于从危机中发现机会，深知最大的风险是不冒风险。因此，当机会来临时，他选择出手。

风险管理在“黑天鹅、灰犀牛”频出的今天，比任何时候都重要。因而，这个章节的内容并不是让大家不重视风险管理，而是在做好风险管理的前提下，快速决断和迭代。

当今时代，技术的突变不断颠覆人们的生活、工作方式，并改变着商业世界的竞争规则与态势。

谷歌前CEO埃里克·施密特在《重新定义公司》中谈到，外部环境的变化在不断加快，速度成为第一要诀，因为新物种出现的速度，远远超出人们的想象。

新闻集团总裁鲁伯特·默多克更是说道：“世界变化很快，不再是大打小，而将是快打慢。”

速度已经成为我们生死存亡的关键，而且没有任何中间地带。一方面，我们的成长很慢；而另一方面，我们需要响应的速度却越来越快，这被我称之为“进化的悖论”。

知名投资人，也是畅销书《从0到1》的作者彼得·蒂尔说道：“在一个变化如此之快的世界里，你最大的风险就是不冒风险。”

Facebook的创始人扎克伯格深以为然，他坚信创造价值比创业更重要，在进行抉择时不要害怕风险，因为不冒风险才是最大的风险。

关于速度的认知，一方面我们要做的改变是小步升级迭代，通过试错不断优化，比如微信小程序在不断的改变中完善功能，速度越来越快，功能越来越强大；另一方面，面对方向性的重大问题不能一味求快，而是要思考出本质，找出真正应该行动的方向。

前者的“快”和“试错”有助于后者方向性方面不会出现原则性错误，而后者力图找出本质，采取“第一性”原则也有助于前者的迭代，二者相辅相成。

这个社会已经到了“不面对风险不等于没有风险，而是最大的风险”的当口，技术的高速发展已经让农耕社会、工业社会，包括互联网初期时代的打法渐行渐远，商业的很多本质如效率、效能、成本、收益等并没有变，但是具体的打法已经是“天上人间”。

一方面，旧的垄断在逐步瓦解；另一方面，新的垄断在崛起。一方面，80/20原则在进化；另一方面，更加极端的90/10原则甚至99/1原则在不断涌起。

超前与当前

在资本市场，乐视绝对是一个受人瞩目的对象，市值曾经到达过1500亿，如今市值只有100多亿。

很多人在讨论乐视模式（注意是乐视模式，这里不是指乐视公司）真的失败了吗？

在我看来，目前下这样的论断还言之过早，如果创始人贾跃亭的野心小一些，步子慢一些，不同时进入那么多领域，管理好现金流，也许今天的局面就不一样了。

乐视靠视频网站起家，抓住了风口，购买了很多版权，打造了会员体系，一直到后来的乐视电视，堪称行业的先行者和领导者。

然而，正是这些成功让乐视管理层盲目自信，开始打造所谓的乐视生态、乐视全球，开启了疯狂烧钱的历程。即使乐视视频的成功也面临巨大的同业竞争，如腾讯视频、爱奇艺、优酷等主流视频公司的竞争。这个时候乐视盲目地进入手机、体育、电动车等都需要大量投入现金的领域，很快就让现金流陷入严重不足的窘境。

乐视的发家是抓住了趋势的机会，就像村上春树所说，“适度往前看的同时按部就班处理眼下事物”，而后来的发展就是“看得太超前了不行，看得太超前，势必忽视脚下，人往往跌倒”。

现金流出现了严重问题，即使找到孙宏斌来输血也还是输血不足……再加上严重的商誉危机，要救也是太难了。

商业成败，分寸把握。多一步，少一步，差的不是一步，也许是全部。

工作中，碰到这样的抉择时刻，也还是比较常见的。

比如，我们很多管理者喜欢给下属画饼，会承诺以后怎么样怎么样，这话说一次、二次还可以，如果长时间没有利益的兑现，以后再有这样的承诺就不会有效果。

我不是说这种愿景、这种较长时间后实现的许诺不重要，相反非常重要；但另一方面，脚踏实地为员工谋求一些利益也非常重要，需要注重短期和长期的一个平衡。

再比如，我们一些企业高层选择经理的时候，如果有多个候选人在列，你会怎么选？

1）假设A当年就可以实现较好的业绩，但持续性不行；

2）B当年业绩看来不行，但次年开始会发力；

3）A的综合能力不如B，尤其是销售拿单能力。

怎么选？

这就需要考虑事物的先后顺序问题了。如果当年A的业绩对组织的业绩影响很大似乎应该选A，可是A没有多大潜力，真是两难境地。

还需要考虑比如人际关系等其他因素。实际做决策不会那么简单，但一般都是基于情景来做具体决定。

正如我一直强调的观点，当今的时代变化太快了，以前我们还喜欢做五年规划，现在再做意义已经没有那么大了，甚至一年的计划都要不断优化调整。

如果再一板一眼地按计划执行，恐怕会死得很惨。以年、半年为单位的复盘看起来都太久了，我们需要每周甚至每日复盘，“吾日三省吾身”。

这也是一个最好的时代，变化快意味着只要善于抓住机会，就会实现弯道超车，更多的机会来自快一点就好，也不用超前太多，超前太多意味着你要花很多的成本培育市场。

另外一个现象，技术的发展给整个社会带来巨大的变化，比如电商的高速发展和快速渗透，带来物流快递行业的变化，以前快递都是男人的天下，现在也有很多女性从事，一个稍微智能一点的拖车就可以搞定了。

现在已经是基本上没有什么是不可能的时代，有人说以后是女人的天下，某种程度上说是很有道理的，因为男人体力的优势在科技发展下越来越无足轻重了。

一部分在沉沦，另一部分在崛起。

在这样的风起云涌大变革、快变化的时代，又有多少是不可能的呢？

每一个梦想都有存在的理由，没有高低之分。

问问自己究竟想要什么，然后全力以赴地去抓住机遇，做最好的自己。

最重要的是——行胜于言。

六　摆脱“稀缺”带来的思维限制，突破自我

印度裔美国经济学家塞德希尔·穆来纳森和普林斯顿大学心理学教授埃尔德·沙菲尔在其所著《稀缺：我们是如何陷入贫穷与忙碌的》一书中提出一个惊人观点：穷困之人会永远缺钱，忙碌之人会永远缺时间，孤独之人会永远孤独。

“稀缺”也是经济学最重要的概念，“稀缺”是经济学一切思维的出发点和本源，一切稀缺的资源都有价值，稀缺程度越高，价值越大。

如果大家有扶贫的经历，可能有时会产生一种费力不讨好的感觉。除了经常有媒体报道的被救助的人不懂感恩甚至认为这是理所当然以外，还有一种现象就是被救助对象完全不会按照你设计的路

线去走。

假如你为一家贫困户买了几只母羊，告诉贫困户可以等母羊生下小羊后卖掉小羊以换取一部分收入，但是往往贫困户并不会有这么长的耐心，而是直接卖掉母羊换钱，或者干脆吃掉母羊。

如果你去交涉此事，被救助人说："你已经把羊送给我了，怎么处理是我的事，我说了算。"

你有啥法子？他们错了吗？

这些贫穷之人生活的世界受到太多限制，他们做事情是被本能和习惯力量所驱使。

著名的柏拉图洞穴寓言说的是：

> 在一个地下洞穴中有一群囚徒，他们身后有一堆火把，在囚徒与火把之间是被操纵的木偶。
>
> 因为囚徒们的身体被捆绑着（不能转身），所以他们只能看见木偶被火光投射在前面墙上的影子。
>
> 因此，洞穴中的囚徒们确信这些影子就是一切，此外什么也没有。
>
> 当把囚徒们解放出来，并让他们看清背后的火把和木偶，他们中大多数反而不知所措而宁愿继续待在原来的状态，有些甚至会将自己的迷惑迁怒于那些向他们揭露真相的人。
>
> 不过还是有少数人能够接受真相，这些人认识到先前所见的一切不过是木偶的影子，毅然走出洞穴，奔向自由。刚走出洞穴的这些人不禁头晕眼花，开始，他们不敢直接正眼看光明的世界，渐渐地，他们可以直接看、仔细看清阳光下的一切。
>
> 最后，他们甚至可以直接看清阳光的源头——太阳。

这就是环境和习惯对人的思维有巨大限制的力量。在长期性的资源（钱、时间等）稀缺中，人们已经形成了“管窥”之见，只能看到“管子”之中的事物。虽然这有可能为我们带来“专注红利”——短期的富裕或效率，但是，从长远来看，这种“专心致志”反而会不断增加我们的带宽负担——稀缺会俘获我们的大脑，渐渐让我们失去认知能力和执行控制力，变得愚笨和冲动。

“稀缺”的头脑模式带来红利和思维限制

（1）“稀缺”的头脑模式带来专注红利

“稀缺”的存在使得我们会聚焦于眼下最紧迫的事情，如农民在农忙的时候效率很高，聚集于在较短时间里完成相关工作。

稀缺使人做出选择，会带来关注回报。比如，很多会议一开始总是闲扯，一旦发现时间不够了，变得无法逃避，开会的效率就会提升。

（2）管窥之间带来的思维限制

当一个人某样资源特别匮乏时，精力就会最大限度地投入获取这样匮乏资源中，而没有余闲的精力去关注更重要的东西，于是就会陷入一种恶性循环中，越是稀缺越是重视，越是重视越是稀缺。也就是我们通常所说的“缺啥补啥”“头痛医头，脚痛医脚”。

事实上，我们所谓的节俭存在着一个违背常理的推论：我们在小物件上连几毛几分都会计较，而在大物件上却挥金如土。比如，我们买一本几十块钱的书会货比三家，而购房购车等大件支出时却往往会随性而为。

稀缺背后的原因

处于稀缺状态的人，其心智容量和认知能力会受到很大限制，从而导致其习惯应付匮乏的自发行为模式。

稀缺对人类大脑的影响存在于潜意识之中。缺什么就越会重视什么，关注什么。

不是减少与生俱来的带宽容量，而是减少当下能用得到的容量。这样的情况下，使得我们的大脑短时间类似处于“缺氧”的状态，从而使我们认知能力、执行控制能力受到很多限制。

稀缺与时间管理

史蒂芬·柯维博士的畅销书《高效能七个习惯》提到时间管理的四个象限：

1）重要及紧迫的；
2）重要但不紧迫的；
3）不重要但紧迫的；
4）既不重要也不紧迫的。

实际上，我们大部分的人都在做重要紧急的事情和不重要不紧急的事情，而高效能人士着重于重要但不紧急的事情。

为什么忙的人会越来越忙？

因为他们净关注于当前的“忙”了，将太多带宽消耗于此，将太多的时间和精力放在了紧迫但不重要的事情。

实际上，重点根本不是在于“要用多少时间”，而是“怎样利用时间”，忽视了重要但不紧迫的事情。

关于时间管理的建议在后面章节会详细论述。

如何应付“管窥之见”带来的困境

如何应付“管窥之见”带来的困境是我们应当高度重视的环节，因为带宽限制我们的思维，如何突破这个限制对提升我们思维层次意义重大。如何应对这方面的困境，可以从以下三个方面予以关注。

（1）计划的重要性怎么强调也不为过

计划的重要意义，我在本书中会反复强调。有计划或者规划，我们就相对容易突破当前带宽负担下的不全面，尤其计划相对早一些较好。否则，在一些极端的环境压力下，我们很容易被困住手脚，不能自已，以为是自由意志，实际成了环境和习惯的奴隶。

结合时间管理的方法论（具体在第五章详细阐述），要把更多时间、精力放到重要但不紧急的事情，强行拉入管道视野，比如成长。

不要书到用时方恨少。

（2）矛盾解决的时机，尤其小矛盾

考虑到带宽的负担，我们要考虑一些矛盾的处理时机，不要久拖不决，这也是为什么建议夫妻吵架尽量不过夜的原因。

（3）多出去看看外面的世界，和能人多交流

去旅行，是建立弱关系的一种方式，也是应付“管窥之见”带来的困境的一种有效方式。

旅行，在一个陌生的环境下，有利于我们打破很多以前的生活和思维习惯（前面也谈到是建立弱关系的有效方式）。

和能人多交流，这当然是一种高效方式，这里的能人不一定非要是业界的名人，你身边就会有很多这样的人，只要某一领域比我们强，我们就可以向他请教。前面提过的杰克·韦尔奇《商业的本质》提到的学习方式也值得我们借鉴。他建议我们充分利用每一个可能的渠道充实自己。这些渠道包括同事、上司、电视、网站、报纸、会议、播客及书籍。此外，还要在自己从事的行业里寻找值得尊重的专家，跟他们多学习。同时，他特别建议要关注与自己存在分歧的专家，借鉴他们的观点。

七 年薪3万和300万巨大差异背后的逻辑思维

你的年薪多少？为什么有人年薪3万，而有的人年薪300万，甚至更高？

这背后有什么样的逻辑？这就是本节要给你揭示的秘密。

年薪多少是衡量一个职业经理人的价值较为量化的方式。某种程度上说，它也是最为客观的一种衡量方式。

平台真的有那么重要吗？

网络上流传《别错把平台当成你的本事》之类的文章，深受老板们喜爱。这类文章逻辑简单粗暴，结论就是离开平台你将什么都不是。

电视剧《乔家大院》里的乔家军师孙茂才，原先穷酸落魄沦落为乞丐，后来投奔乔家，为乔家的生意立下汗马功劳。孙茂才因此自负地以为乔家的生意蒸蒸日上离不开他。最终，他因为私欲被赶出了乔家。

孙茂才想投奔乔家的对手钱家，钱家对孙茂才说了这样一句话：不是你成就了乔家的生意，而是乔家的生意成就了你！

孙茂才私心太甚，不懂感恩，结局完全咎由自取。他的下场可以看出“德不配位”的人千金散尽是早晚的事情。孙茂才缺“德”，这个“德”是指个人修养，是价值观，是行为准则等一系列素养。然而这样的个例，并不能因此得出“离开平台你什么也不是”这样的结论。

离开平台，做得风生水起的例子多了去了，比如华为的创始人任正非原来是在国企工作，后来离开体制创办了华为。巨人网络的史玉柱也是从安徽省某机关辞职，历经沉浮，取得了骄人成就。这几年，在自媒体圈子里，这样类似的例子更是不胜枚举。

强者自救，圣者渡人

一个大学毕业生从学校毕业进入一个平台，一般而言职场初期是单位投入大于产出，如果这个员工按正常规律成长，三到五年后单位的投入就会有很高的回报了。这也是很多精明的单位最喜欢挖角的对象，因为投入产出比最高。

随着员工工龄的增长及工资的增加，甚至会再次出现投入大于产出的情况，这也是一些单位虽然知道老员工更需要工作，更需要钱，但裁员依然优先裁老员工。

这就是最现实的套路，无奈且残酷。一些职场老鸟因此建议：要保持随时离开体制的能力。

电影《肖申克的救赎》中的监狱图书管理员布鲁克斯完全被“体制化”了。他在监狱里待了长达四五十年，混得如鱼得水，可当要面对外面快速变化的世界时，内心充满了恐惧不安。被假释出狱后，他已完全不能进入全新的生活状态。最终老布上吊自杀，留下悲哀的遗言——“老布到此一游”。

体制化的表现就像电影里面的瑞德的一番话语：“刚入狱的时候，你痛恨周围的高墙；慢慢地，你习惯了生活在其中；最终你会发现，自己不得不依靠它而生存。”

而片中的主角安迪用20年的光阴和努力，默默地挖通牢房墙壁，最后成功脱离监狱，可谓“强者自救，圣者渡人”。

舒适区是“天堂”，更是“地狱”

心理学家告诉我们一个概念叫舒适区，指活动及行为符合人们的常规模式，能最大限度减少压力和风险的行为空间。它会让人处于心理安全的状态，处在舒适区的人会有较强的幸福感，低焦虑，压力缓解。

但是缺陷也非常明显。时间一久，就会被体制化的特征，甚至就像《肖申克的救赎》的布鲁克斯，一旦走出监狱完全不能适应。

在监狱里他的幸福指数是最高的，这就是荒诞而真实的人性。休斯敦大学的教授布莱尼·布朗说过，人们能做到的最糟糕的事情之一即自以为的恐惧和不确定性并不存在。以可控制的方式适度冒点险，挑战自己通常不做的事情，从受控的、易管理的环境中经历某些不确定的东西。

选择学习怎样在舒适区之外生活，可以帮助你在被环境所迫时适应生活中的变化。我们常常会低估自己的在舒适区之外的适应能力，也会低估自己在离开平台的生存能力。胡达·克鲁斯老太太以95岁高龄登上了日本的富士山，打破了攀登此山的最高年龄纪录，她可是在70岁高龄才开始学习登山。这恰恰说明如果我们从来不曾准备，未来的荒谬也就清晰可见；如果我们时刻准备，不曾松懈，恐惧与不确定性也就会在“千里之外”。就像马云说的：“最痛苦的是每一次曲线上升，而且看来更往上升的时候，就要开始变了，不能到顶峰的时候才开始改，千万不要等跌到低谷才后悔。要在阳光灿烂的日子修屋顶，不要等到下大雨才去修屋顶。”

个人PK平台决定你是年薪3万还是300万

决定一个人收入水平要考量的因素非常复杂，我们可以从供求关系、市场水平、岗位职责等因素去分析。我们也可从以下这个角度来分析：个人能力越高，越不依赖平台的能力，薪资水平就会越高；而越依赖平台能力，同时个人能力越低，薪资水平就越低。

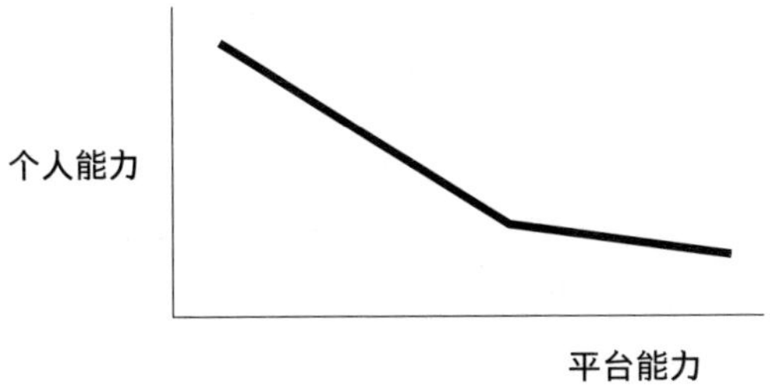

这就是为什么资深的投资银行家、咨询顾问可以拿高薪的原因。对于一些专业的投资银行家、咨询顾问，即使换跑道到甲方（企业）去工作，即使不掌握行业知识等硬知识，但是战略思维、逻辑思维能力、决断能力、沟通能力、解决问题能力、结果导向的思维、学习能力等都是可以“迁移”的。投资银行家普遍对法律、会计政策及实务有较高的认知及实操经验，兼之人脉广，使得他们对于任何企业来而言，都属于稀缺人才。

综上，我们可以得出下面的结论——

平台对没才的人很重要，对有才的人其实没有那么重要。在职场初期，我们需要平台助力我们成长。我们依赖平台越多，离开体制的力量就越弱；但是总有鸟儿可以飞翔，当我们的力量够强时，平台的制约就不成问题，甚至平台会反过来依赖个人的力量。

以上的分析，就是年薪相差100倍的最重要原因。

第二章

人生进阶方法：你需要掌握的七项高阶技能

解决认知问题后，接下来就是改造行动，但行动不是蛮干，工具和方法论就是我们的武器库。是否有效借助这些工具和方法论，将极大程度地决定我们行动的效率和结果。未来已来，你需要掌握的七项高阶技能并不会随着时间的推移而过时，将会助力我们的人生进阶。

速度让我们失眠，但学习PDCA、TNB等工具、模型依然具有很强的现实意义。

英国哲学家齐格蒙特·鲍曼在《被围困的社会》提到在传统“福特”式工厂里，工人永远是工人，不管他遵循什么样的轨迹。在今天的世界里，“丧失一切”的风险是永恒的。高等职员，“专利技术”的拥有者，完全可能由于新技术的出现而变得不合格；一旦公司破产或决定裁员，一个具体的“工人”会丧失一切。最后，如果工人被永久性地排斥在劳动力市场之外，并落入贫困与非社会化的恶性循环，那么，在个体生命的进程中积累起来的第三种资本（这里指的是经验资本）也会丧失。

今天的商业组织形成这样的一个结果：越是容易变化，也不是不固定，也就越好。像世界上的任何事物一样，任何种类的知识、技巧和方法都会很快过时。

鲍曼引用伯尔坦斯基和恰佩罗的观点指出，“做人的能力”逐渐无情地替代了“做事的能力”。“做事的能力”，习得做事的技巧，它成了有抱负商业精英最有价值的品质。“做人的能力”，变成了认知、晋升和发财的最关键因素。

“做人的能力”意味着具有优越的社会关系，能够有效地同他人沟通，拥有广泛的沟通网络。可以归结为：强调多种能力，强调雇佣的灵活，强调学习和适应新功能的能力，而不是强调专业技巧和习得的证书，强调赢得信任的能力、沟通能力和“表达”能力……

因而，不管是在国内外，跟对人显得很重要，跟对人意味着你的认知会得到极大的提升，你的沟通网络也将升级……

而且，鲍曼认为技术的进步不会有终点，即使全部的人类需要被满足，即使所有的问题都得以解决。伴随着技术的进步，需要解决的人类问题不是在减少，而是在增加。

寻找越来越多的新问题和先前不可想象的问题，会逐渐地、不断地成为使命。

因此，在这几年大热的人工智能，很多人讨论和担心人类很快将被机器替代，这种担忧不无道理，很多岗位会消失，但新的岗位也会不断产生，很多很多的问题依然需要人去解决，而不是机器。

从做事到做人的转变将更显重要。速度虽然让我们焦虑，甚至失眠，但是，这并不意味着因为总是要“变”，我们就不需要掌握一些经典工具和模型。

实际上，从“管理学”这个概念提出来后，经过彼得·德鲁克等人的完善，发扬至今，并没有本质的变化，所谓的互联网颠覆管理更是无稽之谈，互联网颠覆更多是商业模式而非管理的本质。

即使在全世界最成功的互联网公司如谷歌、苹果、阿里巴巴、腾讯中，依然遵循管理学的经典逻辑。一些互联网公司所谓创新的“OKR”和德鲁克提出的“目标管理”并没有明显区别，只是流程、运用等方面提出了一些不同做法。

这也是本章我提出七个经典方法论的前言，这七个方法论没有一个是近十年的新鲜提出的工具，但如果你学会了依然会给你的执行力提升提供强大的助力。

一　学会PDCA，把问题拆分为关键行动步骤

PDCA循环由美国人戴明发明，所以又称“戴明环”。虽然这个方法论首先运用在美国，却是在日本发扬光大，然后传回美国。在日本人心目中，排名第一的管理大师就是戴明。

这个工具的用途非常广泛，虽然源自质量管理，但应用于工作管理如销售管理、人力资源管理、财务管理以及团队协作等诸多领域都是非常有效果的。很多复杂的工具都是从此引申出来的，比如6 Sigma等。

这个工具在自我管理方面也可以用到，可以用来自我检查、自我评估，不断反馈，循环上升，可以以月、周，甚至日为单位进行PDCA循环管理。

PDCA循环是一个简单、好用的管理工具。从计划、执行、检查到评估，形成一个闭环。PDCA循环是单词Plan、Do、Check和Action的首字母缩写，分别代表计划、执行、检查、处理。

P（Plan）——计划：方针和目标的确定，以及整体规划的制订；

D（Do）——执行：根据已知的信息，设计具体的方法、方案和计划布局并执行；

C（Check）——检查：总结执行计划的结果，分清执行中的过与得，明确效果，找出问题；

A（Adjust）——处理：对总结检查的结果进行处理，对成功的经验加以肯定，并予以标准化；对于失败的教训也要总结，引起重视。

以上四个过程不是运行一次就结束，而是周而复始地进行，一

个循环完了，解决了一些问题，未解决的问题进入下一个循环，这样阶梯式上升的。

PDCA循环是非常强调目标、执行和反馈的，缺一不可，其核心理论是：

1）目标导向：大环套小环，小环保大环，推动大循环；

2）反馈机制：不断积累总结，不断提高。

接下来举一个案例。假如你所在的部门做一个团队建设工作，你怎么处理？

肯定有人觉得这非常简单啊，找一家培训公司不就行了。

并不是你想象得那么简单，用PDCA这个工具简单分析一下你就会知道做好并不是容易的。

第一步：做一个方案或计划，这是P。

计划里主要有为什么做这个团队建设，什么对象参加，时间、地点、交通、预算及计划选择的供应商，等等。还有一点很重要，每项工作具体由谁负责，都需要提前计划好。

以上这些点都要在提交前进行计划。这个计划已经把流程基本上走一遍，哪里需要去执行，哪里需要检查，哪里需要调整都用得到。因为假如方案第一稿不到位，做个几稿是再正常不过了。

第二步：计划完成后自我复核后，提交上级审批。

第三步：根据上级的意见进行方案的修订，这也是一个C和A。

第四步：实施。

假如这个团队培训是由外部合作机构实施，主要在户外进行，如果因为天气原因的话，需要调整，要用到A。在培训过程中，根据受训情况，培训组织者可以随时进行反馈学员或组织者的意见，培训实施的老师可以或者需要根据需求对培训内容或方式进行调整，这就用到了C和A。

二　人人都要学的方法论——TNB

可能很多人和我一样，每天会接到不少营销电话，卖保险的、推销理财的、卖房的，等等，这一种术语叫CC（Cold Call），是营销中寻找潜在客户的方式之一。

更进一步的是，我们通过商务面谈，期待和客户达成共识，签订合作合同。但是要完成这样的成果，有一个步骤是必不可少的，那就是准确地了解客户需求,帮助客户解决问题。

这里推荐一个工具叫TNB。基本的逻辑是先了解我们存在的问题，然后分析出对方的需求，最后一步是给出解决方案。这个解决方案需要在平衡对方利益点的基础上做出。

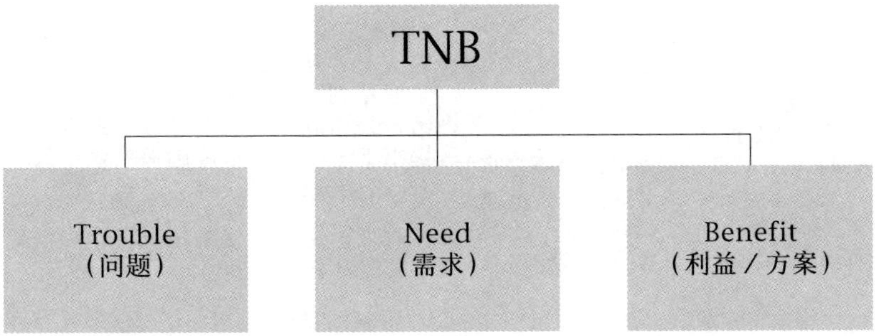

假如企业客户的需求是希望在创业板发行上市。按照《创业板上市公司证券发行管理暂行办法》第十一条规定，发行人申请首次

公开发行股票应当符合下列主要条件：

（一）发行人是依法设立且持续经营三年以上的股份有限公司。有限责任公司按原账面净资产值折股整体变更为股份有限公司的，持续经营时间可以从有限责任公司成立之日起计算；

（二）最近两年连续盈利，最近两年净利润累计不少于一千万元；或者最近一年盈利，最近一年营业收入不少于五千万元。净利润以扣除非经常性损益前后孰低者为计算依据；

（三）最近一期末净资产不少于二千万元，且不存在未弥补亏损；

（四）发行后股本总额不少于三千万元。

具体示例如下：

T（问题）	N（需求）	B（利益 / 方案）
●公司成立 2 年半	●不符合成立 3 年要求	●可以先准备上市相关工作，待满足 3 年后正式启动
●虽然最近 2 年持续盈利，净利润最近 1 年利润为 3000 万元，再上一年利润为 900 万元；最近 1 年收入为 1 个亿，看起来完全符合上市条件	●确认是不是真的符合上市基本条件，还是有待改进	●根据实际创业板上市能通过发审会的情况，并不是法条规定的那么低，一般年利润都在 3000 万元以上；并结合公司成立时间不足 3 年的情况，提出下一个会计年度确保利润不低于 4000 万元的方案： A 收入稳定 1 个亿的情况下，降低成本，提升利润水平； B 提升收入规模，可以提升产能或者并购，通过收入驱动利润绝对值的提升； C 结合 A 和 B 方案，双管齐下
●其他问题	-	-

营销要达到比较好的效果，需要站在客户的立场上思考、分析问题，而不是自说自话，只索取，强调自己有多了不起；要有利他之心，真正帮助对方解决问题。

TED掌门人克里斯·安德森所著《演讲的力量》提到了一个观点，演讲者的工作是给予，而非索取。哪怕是推销，也要满足听众需求……好的演讲需要留下启迪式思考。

克里斯·安德森在书中举了一个演讲不佳的例子。TED主办方邀请一位作家兼企业顾问来演讲，这位演讲者讲了许多企业由于采取行动而获得跳跃式发展的故事。

具体采取了什么行动呢？演讲者强调就是他们都预约了演讲者所在公司的服务。五分钟后，观众开始坐立不安，克里斯·安德森也失去了耐心。

这就是典型的索取，完全没有考虑听众的利益。比较好的做法要给观众讲清楚具体操作方法，哪怕集中一点也行。

那么问题来了，我们究竟应该采取什么样的演讲方式进行推销呢？

接下来，我推荐一个工具——FAB法则，对应Feature、Advantage和Benefit三个单词，即特征、优势、利益点的法则，可以和前面推荐的TNB相结合使用。

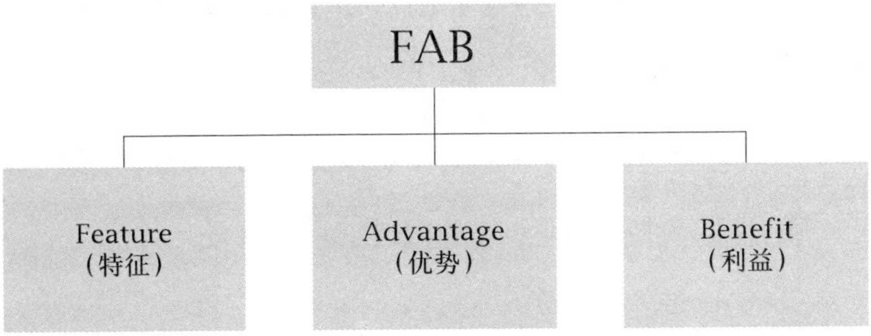

按照这样的架构来推介，就是说服性演讲的结构，它达到的效果就是让他人相信你的就是最好的。

假如我们要卖一款面膜出去，我们究竟应该如何说服他人购买？举例如下：

（1）面膜的特征

面膜的最重要特点，比如含多少种营养成分，是什么大师或团队花了多少时间研发出来。

（2）面膜的优势

相比其他面膜排他性的优势，别人有我有，但别人没有我也有，别人有我更好等。

（3）面膜给客户的利益点

比如方便，让皮肤更好，预防作用，和某大牌明星用同款面膜的荣耀感等，最好用实例说明谁用了面膜带来的变化等。

这就是给予的思路，而不是一味索取强硬的推销思路。再举一个例子，不少人是做微商的，喜欢发一些广告。有一些人，打开他的朋友圈全是广告，也有部分人的朋友圈一部分是广告，同时也会间隔发一些容易产生共鸣感的文章，你们应该很清楚知道前者还是后者会让他人更讨厌。

只要我们遵循克里斯·安德森提出的“要给予，而不能一味索取的”原则，我们就很清楚地知道只知道通过朋友圈发广告的人，属于那种“努力但不一定有效果”的人。

三　善用黄金圈法则，发现事物运营本质

在TED Talks上曾经有一位很著名的管理咨询专家西蒙·斯涅

克。他认为如何去管理一个企业，如何去做一个领导者，如何去营销我们的产品有一个共同的方法论。他认为人类做事情的动机也就这么三个：

1）我做的是什么——What；

2）我是怎么做的——How；

3）我为什么要做这件事情——Why。

这个理论叫黄金圈法则，是苹果公司成功的重要秘诀之一。这和管理大师彼得·德拉克所讲的一个叫作三个石匠的故事异曲同工：

> 在一处建筑工地上正在建筑一个教堂。一个神父从这个建筑工地上经过，他看见有三个石匠都在做着同样的工作。之后他就去问他们：你们在干什么？第一个石匠看了他一眼回答道：我正在养家糊口。告诉他说我尽管是在这里敲这个石块，在这里做这个建筑的工作，但是我的目的是为了养家糊口。第二个石匠告诉他说：我现在正在做全国最好的一个石匠活。他回答的是我在做的就是这样一个建筑的活，但是，我干的是全国最好的石匠活。最后一位石匠看着这位神父告诉他说：我正在建造一座宏伟的大教堂。

第一个石匠谈论的更多的是What——我在做什么，第二个石匠谈论的更多是How——我是怎么在做，而第三个石匠回答的是Why——我们为什么要做这件事情。

绝大多数人的思考、交流和行动的方式，都是在最外面的

What，也就是从做什么的圈层开始。如戴尔公司在面向消费者宣传的时候，只会说自己的电脑性能好、价格优惠等。

而苹果这样的公司采取黄金圈法则的思考顺序是“从内向外”，也就是按Why-How-What的顺序思考。

第一步，在最里面的Why圈层思考为什么

如你为什么要生产电脑？你怀着什么样的信念？你的机构为什么而存在？你每天早上是为什么而起床？

如苹果公司经典的《1984》广告。1984年的1月24日是计算机发展史上的一个重要里程碑，那一天苹果电脑发布了全新的Macintosh（简称Mac）。这是世界上第一台采用图形用户界面的个人电脑，与当时采用DOS命令行纯文本用户界面的IBM PC形成了鲜明的对照。

这个广告就是典型的利用黄金圈法则的产物，由内而外，建立全新的认知，告诉客户苹果为颠覆而生。

第二步，思考How

只有想明白了最内圈层的Why，第二步才是思考中间圈层的How，也就是怎么做。

How这个圈层就是要梳理如何实现Why，用什么方式落实你的理念、价值观。

第三步，思考What

如果Why和How梳理得清晰，那What圈层“做什么”就是水到渠成的结果了。

黄金圈法则在提升效率、改善沟通方面也很有帮助。如我们作为下级，要尽快给老板说明为什么采取这样的方案，方案是什么，如何执行；给原因，也要给利弊，更要给老板选择；做上级时，工作安排要尽量告诉下属为什么，而不是直接发号施令，这么做的好处下级理解了，执行效率会高，偏差度也会低。

我们在和客户沟通时，也可以充分利用这一法则，如客户不配合时，我们可以给客户解释需要他们这么配合的原因，我们已经采取怎么样的措施减轻刻客户的负担。

黄金圈法则的思维结构也可以用在我们工作汇报、工作指示等方面。

四 同理心——东西方通用的共情方法论

在谈同理心之前，我想先抛出一个社会现象，我们当中很多人喜欢用智商碾压他人，以此显示自己的强大。

我想这一点很多人都会有体会。然而，一个人在社会上生存、发展光智商高是远远不够的。小孩子才讲对错，大人只讲利弊。所以我们还会经常提到情商、逆商等其他很多“商”。这节我们要重点谈到的同理心就是情商的一个重要环节。

不是所有问题都是智商可以解决的

虽然，我在本书第一章和大家谈论了很多逻辑问题，但是在这个世界上，所有的事情都用理性、逻辑来解决，可能吗?

答案显然是不行的。

1）你去商场买衣服，花了2000元很开心，第二天你的同事也买了同样的一件衣服花了400元，因为商场促销打2折。于是你去商场找服务人员理论，怎么可以这么做？商场的答复是，没办法，促销是有时间限制的。你要郁闷多少天，还是一笑而过？

2）你去买装修材料，老板给你看了样品，你一看真不错，性价比也不错，你花了上万元下了订单。等到第二天送货的时候，发现和样品完全不符合啊！于是你去理论，去各种机构投诉，但就是解决不了。于是，你认栽了。我能得出结论你智商有问题吗？

3）你吃火锅，服务员没有及时给你加汤加水，是服务人员服务不到位啊，你是客户你占理啊，所以你可以理直气壮去投诉啊，可是服务人员还是将一盆滚烫的热水倒在你头上。

4）你是一个妈妈，推着婴儿车逛超市，和两个男人发生了争执，得讲理啊，可是一个男人愤怒了，抱起了你亲爱的小孩扔在地上。

5）你与他人因为停车发生了争执，对方真不讲道理，于是你们吵起来了，对方拿了一把刀捅进了你的胸口。

有人将上述3）到5）伤害他人的人总结为“垃圾人”，建议我们远离。

的确，这个世界有很多类人，每个人思维是有差异的。

你给他讲的逻辑、道理，很多人的思维和你不在一个层次上，所以不会理解你；还有一部分人，你说的逻辑、道理他都懂，但就是不配合你。

在上述各种情况下，你拼智商有用吗？

人区别于动物除了直立行走以外，人有七情六欲也是非常关键的要素。人的脑子分两部分：左脑主要解决逻辑，右脑主要解决情绪。从这个构造来看，我们分析、解决问题同时从逻辑和情绪两个方面来思考会更全面一点，两者也并不是对立关系，这个世界非黑即白的事情太少了。

情商中有一个重要的理论就是我们要权衡利弊，分析处理一件事情的收益和可能的损失，同时要考虑目标的先后顺序，比如带小孩的女人非要跟壮汉争对错，何必拿孩子的安全下赌注呢？孩子的安全是最重要的。

我们在判断决定一个事情时，并不是所有事情都需要深思熟虑，也无法做到面面俱到，这个时候我们长时间养成的习惯会给我们指引。

我们在职场中，和同事、领导、客户通过会议、邮件等方式沟通要慎重，写报告要慎重，我们需要慎重的场合已经太多了。

事实上，也不可能所有的情况都调查研究清楚后再决定，人毕竟不是机器。这个时候遵循内心的指引就顺理成章了。

倾听的力量

谈到同理心，不得不谈一个话题，那就是——倾听。然而，最近几年，我越发发现一种力量——倾听，被我们很多人低估了。

朋友A所在的公司和南方一家公司合作了很多年，最近南方这家公司老总B提出要终止合作了。这家公司的单子和维护工作是A所在公司南方分公司的另外一位同事C负责的，C亲自去做了努力希望能继续合作，但是没什么效果。

于是公司安排A出马，进行最后的争取。A邀请北方分公司资深专家级同事D一同前去，在路上两人对一些关键要素进行了详细沟通。

双方约在一家茶楼见面，简单寒暄后，进入主题。A首先感谢了B对A所在公司的贡献，进而，单刀直入问B合作中存在什么问题，接下来基本就是B在说话了，A不时附和一下。

B其实对A所在的公司还是很有感情的，但主要问题就是觉得和A所在的公司沟通不顺畅，有了问题经常被推诿，于是大倒苦水，几个小时聊下来郁闷居然削减大半。

A心中有数了，B内心并不是真的要终止合作，于是给了相关改进的承诺，也换了合作联系人，于是双方的合作进入了新的阶段。

朋友A为什么能力挽狂澜？

主要三个方面做得好：一是邀请专家D共同拜访，以显重视和专业；二是多听少说，发挥倾听的力量；三是通过倾听，发现痛点，并积极解决问题。

大家可以发现，二和三都和倾听有关，这就是善于倾听的力量，而善于倾听是高效能人士必备的技能。

记得我在2016年曾经在我个人的朋友圈发过这样的一句话："被理解是最奢侈的品。"结果，这句话被圈友疯狂点赞和转发，得到太多圈友的理解和认同。

最贵重和最难得到的不是物质，而是理解，是同理。

喀隆说："不要让你的舌头超出你的思想。"事实上，大部分人是相反的，因为我们更习惯站在自己的角度和优势立场上滔滔不绝。

除了和客户之间，和同事之间一样可以发挥倾听的力量。也就在前一段时间，我通过倾听了解到公司某员工为什么老是犯错的内在原因，帮助他的直线经理成功化解了危机。

好的倾听能激发倾诉，而倾诉能化解情绪压力。现代人看起来朋友很多，却会经常感到孤独，有的人会发现找一个愿意听他倾诉的人都没有。

一个好的听众，能同理谈话者的情感、思维，甚至激发对方的创造性。倾听并不是个被动的运动，是用双耳和大脑接收、理解、消化、剖析讲话的内容，分析和洞察对方的情绪，包含表情、身材语言等方方面面。

强调倾听并不表明演讲、说服他人的技能不重要，但一个伟大的演讲者首先是一个伟大的倾听者，因为不这样，他就不会知道听众的诉求在哪里。

前麦肯锡日本地区总裁大前研一先生在咨询公司工作的时候，习惯去客户的基层全方位地了解各种情况，在此基础上合理假设，推导出结论。

这三个步骤缺一不可，我们可以看到第一个步骤去基层或现场了解情况需要发挥倾听的力量，没有良好的倾听技能就很难得到有价值的信息。被尊称为“经营之神”的稻盛和夫先生也特别强调去现场，倾听基础员工的声音，这和大前研一先生倡导的如出一辙。

正如作家毕淑敏说过这样的话，现代生活飞速地发展，人的一辈子，再不是蜷缩在一个小村或小镇，而是纵横驰骋漂洋过海。所接触的人，不再是几十、一百，很可能成千上万。要在相对短暂的时间内，让别人听懂你的话，让你听懂别人的话，并且在两颗头脑之间产生碰撞，这就变成了心灵的艺术。

从倾听到同理

学会了倾听，了解到对方的情绪和想法，接下来就是同理了。同理心虽然是西方提出的概念，但和中国儒家学说提出的观点是一致的。

孔子提出“己所不欲，勿施于人”，这句话就是中国阐述同理心最好的注解，而且比西方提出得早。

2010年，一场题为《脆弱的力量》的Ted Talk演讲在网络上吸引了千万人次的关注。演讲者为布琳·布朗博士，她并没有用招人反感的陈词滥调，她幽默地与大家分享自己的经历，启迪大家去理解人际关系，个体的脆弱，真诚和羞耻。

RSA（英国皇家艺术、制造及商业促进会）用动画的方式呈现这一演讲片段。动画短篇由凯蒂·戴维斯公司制作。

在片中，忧伤的狐狸、富有同理心的大熊和爱评价的麋鹿这三个动物角色让受众更好地领悟到了布朗博士的睿智话语。

（1）什么是同理心

同理心是进入并了解他人的内心世界，并将这种了解传递给他人的一种能力。也可以叫作换位思考、共情，通过自己对自己的认识来认知他人。基督教里提出的“黄金法则”也是如此，你愿意人怎样待你，你也要怎样待人。

（2）同理心不是同情心

“同理心拉近人们之间的距离，误用同情则使人们疏远”，布朗博士指出。在片中滥用同情心，高高在上的麋鹿向下瞟了一眼狐狸身处的黑洞，他试着用魔术棒为狐狸头顶的乌云勾勒出银边，希望他看到乌云背后的幸福线，并安慰说，“现在还不赖，情况也许会更糟呢”。这种对于别人遭遇，采取说教式的立场，在情感上会使对方疏远，没法建立人际联系来帮助当事人恢复。

布朗博士描绘：“当人们身处困境时，他们会努力地向上喊，有人吗？我像是被卡住了，四周很黑，我不知道该怎么做！”

具有同理心的人们看到后，主动爬下来，告诉当事人：“我知道在这里是什么样的感觉，你并不孤单。”在动画短篇中，憨厚的大熊向下爬到洞中，与狐狸做伴。他并没有说些不痛不痒、转移话题的鸡汤建议。实际上，他什么也没说，抱了抱狐狸，让她感受到他理解她的处境。

（3）修洗衣机引发的共情故事

有一次，家里用了三年多的三星洗衣机突然坏了。

老婆上网搜索维修电话。找到了一个我们所在城市的三星公司维修电话，拨打过去，很快联系上了。

师傅上门服务更换了控制器，连服务费、上门费一共470元。

没想到，两天没到，洗衣机又坏了。

无奈再次拨打上次的维修电话，刚开始说马上联系师傅过来。等了一个多小时，没有动静。无奈我们直接拨打了上次维修师傅的电话，师傅简单问了几句，指导我们推动洗衣机滚轮就可以了，并说即使自己上门也是这么干。无奈我们按照师傅的说法推动滚轮，实在是推不动。

于是，我自告奋勇说我来和师傅说说，师傅依然说“你们推动洗衣机滚轮就可以”，我让他上门维修，他说没必要。

我再逼问，他就直接挂掉电话了。

没办法，我只好打电话给他所服务的公司，并告知了师傅的手机号码，结果这个公司的工作人员说这个维修人员不是他们公司的！

太太和我都明白被骗了。

接下来，我找到了三星中国总部的维修电话，告知了这样的情况，果然客服告知我们，那家骗子公司不是他们的代理单位，而且控制器保修期是十年。

太太知道这些信息后特别郁闷。

这么热的天，因为手洗衣服手破了，还被骗，实在太郁闷了。

我对太太说："你的心情我完全理解，我以前也碰到过类似这样的事情，被骗后也特别郁闷，不过现在骗子实在太多了，太狡猾了，防不胜防，就当花钱买个教训，而且钱也不是太多。"

太太说"是啊"，不过她还是郁闷。

我说："是啊，被骗了，不爽的心情的确不是说过去就过去的，不过眼下最重要的还是尽快把洗衣机修好，否则你每天要手洗衣服也太辛苦了。"

太太点头说，"是啊"……

（4）运用同理心常见的方法

在《高效能人士的七个习惯》培训里，柯维博士也谈到了同理心，并亲自示范运用。

1）同理心表达

他的运用就像动画片子里的大熊一样，主要用同理心表达的方式来同理对方。这种表达并不需要给对方建议，只要不断更换表达方式同理对方的情绪和话语就行。比如说，今天天气真糟糕，你可以换成今天雨挺大的；现在业务好难做啊，你可以回答我懂，是的。

2）换位感受

站在对方的立场上来思考，感受对方情绪。假设一位基层员工说感觉公司福利不好，而是你是中层，明显优于对方。这个时候最好不要反驳对方的说法，说公司的福利还可以啊，这样的话很容易让对方站在你的对立面上。

先要放下自己的主观判断，问对方的感受，问对方觉得福利不好的原因。或者可以具体同理是不是没有买保险等陈述。

这种方式可以让对方一方面觉得受到重视，另一方面也不会情绪和你对立起来。而且，要设想你在对方的处境，发生对方的情况，你会怎么思考，你会怎么办。

3）适度示弱

即使你在职场中的地位高于对方，这个时候也需要适度示弱，并不是说地位高的人一定要处处强势。

适度示弱几乎可以运用于任何人，而且力量非常强大。我记得几年前在朋友圈发了这样一句话：“适度的示弱，力量超越想象！”和其他发送的信息相比，点赞数显著增加了不少，看起来大家对此感同身受。

人之所有为人，一个标志就是人具有各种情绪，与生俱来。所以，当他人能够同理到你的处境时，他就会有同情心或同理心。

我的一个朋友和我说过这样的话，他的上级特别强势，是老虎性格，曾经有一段时间两人之间配合不太好，很郁闷，工作很不顺利。

后来，他进行了反思，换了一种和上级相处的方式，结果柳暗花明。以前自己处处展现很专业，觉得上级不一定有自己了解情况。现在在上级面前不这样了，而是会适度示弱，甚至会认错。

结果，事情相比以前顺利了很多。很多时候，上级甚至主动同他一起解决问题。

提建议的正确姿势

我们在沟通中除了需要同理心外，一个靠谱的建议往往会事半功倍。这里我推荐《格言联璧》中的一句话——任事者当置身利害之外，建言者当设身利害之中。意思是当事人处理问题时应该将个人荣誉、得失置之度外，而提建议的人应该站在不同角度、立场，设身处地分析问题。

我们日常在处理各种问题时，如果与个人利益攸关，反倒不一定好处理，所谓当局者迷；相反，如果与自己的利益无关，处理起来更顺手一点，所谓旁观者清。

如果与个人利益相关，处理的原则首先应该将个人的荣辱得失放到一边，站好位置，这是重要前提。否则，搞得不可收场也是常有的事。

比如，一个好的分配机制，分配奖金的主管是不可以给自己分配奖金的，主管的奖金分配权应该在他的上级，这样更加有利于主管公平公正地分配奖金。

很多团队的矛盾根源就是因为利益蛋糕没有分配好，领导抢下属的，下属也互相抢，甚至下属抢领导的也有。

分不好钱就管不好人。俗话说，站着说话不腰疼。一些“建言者”习惯犯“不腰疼”的毛病，没能厘清各方的相关利益，提出的方案很难落地。这几年，不少公司对咨询公司比较反感，费用贵也就罢了，主要就是咨询公司提供的方案太虚，不能比较好地平衡利益。一些不靠谱的方案实施后，甚至还会激化矛盾。

五 学会结构化思维，实践解决问题五步法

在执行前我们需要做相关分析研究工作，我将此分为五个基本步骤：

1）发现问题，了解真正需求；
2）分析、诊断；
3）提出假设；
4）调查；
5）验证。

开始正式介绍五步法前，我想先给大家说明当下很多人会犯的两个误区：

一是经验不再重要。不是经验不重要了，而是一个经验你用了很多年，而且这个经验过时了或者被机器或流程变革替代了。

二是片面强调经验的重要性，倚老卖老，其实见识与年龄没有必然的联系。

误区一：经验不再重要

在互联网时代，尤其这几年移动互联网快速发展的时代，很多人认为传统的管理理论已经过时了，一些所谓的经验是“负资产”。

提升认知水平，突破认知局限，也学会了很多工具、模型和方法，但是仅仅做到这些还是不够的，就像陆游所说的，“纸上得来终觉浅，绝知此事要躬行”。

知识转化为能力，能力要转化为成果。

2018年5月14日，川航一架A319-100飞机执行重庆至拉萨航班，机组发现右侧内风挡出现裂纹，立即申请返航。

关键时候，力挽狂澜的是驾驶舱的机长刘传健和副机长徐瑞辰，这被很多人称之为中国版的《萨利机长》。

机长刘传健原来是一名空军飞行员。

在中国培养一名空军飞行员要花费极高的成本，同时对飞行员本身的身体素质、心理素质、反应能力等要求也很高。即使如此，每个飞行员还需要参加严格的飞行训练。

在美国考取私人驾驶执照的基本要求有：

40小时总飞行时

20小时的教员带飞训练

10小时的solo飞行

5小时单人转场（至少50NM）

150NM 单人转场并且至少起降三次（每次50+NM leg）

3次起飞3次降落　包括塔台通讯和地面机动

3小时转场训练

3小时夜航训练

100NM 夜间转场训练

10个起飞10个降落

3小时仪表飞行训练

通过FAA笔试

通过FAA check ride（口试+飞行实操）

相比较，在中国要成为一名空军飞行员要求高得多。一般至少需要5到7年的艰苦磨炼——锻炼其丰富的飞行经验和钢铁一般的意志。

因此，我们的民用航空公司喜欢招募一些退役的空军飞行员，无疑这种选择是理性的。正因为空军飞行员具备这种高强度、高压力的飞行经验，再加上此前刘机长已经超过百次以上飞行过这条重庆至拉萨的航线。这些前提条件，使这次史诗级挽救成为可能。

在这样快速变化、移动互联的时代，很多人认为经验已经不再重要了。问题是你真的是具备经验吗？你的经验含金量究竟有多少？

这是我们需要深思的课题。无论萨利机长还是我们川航的刘传健机长，都在提醒我们良好经验的含金量非常高。

另外，我在前面举的创业板上市案例，如果没有对上市实际情况有较深刻的了解，我们是很难了解到利润1000万元是基本不可能上市的，因为那只是法律条文里最入门的门槛而已，实际远远比这要复杂和困难得多。

误区二：片面强调经验的重要性

彼得·德鲁克认为领导力就是把一个人的视野提到更高的境界，把一个人的成就提到更高的标准，锤炼其人格，使之超越通常的局限。我将此概括为三点：

1）视野提升到更高的境界；

2）个人的成就；

3）人格魅力并形成影响力。

这些条件都与年龄没有必然联系。很多杰出人物，都是在很年轻的时候就干出很大的功绩，如Facebook的扎克伯格等。你留心观察下，实际上在我们的身边，这样的人也很多。

谈完这两个看似矛盾的误区，有助于我们厘清一些误区，以便于我们更好地理解这个五步法。

很多人为什么年纪轻轻可以给年长的人提出好建议，因为他具备了很好的视野，并掌握了很好的方法论。

这与年龄真没什么关系。

发现问题，了解真正需求

举一个做咨询的案例。

有一次李倩和她的老板一起做一个市场营销战略项目，在竞标现场，李倩按照她的模型测算客户的业务增长最多也就3个百分点，但客户看起来并不满意。接下来，李倩充分阐述了这3个百分点的来龙去脉和强大的逻辑。她老板一看气氛不对，接过话，说我们换一个假设——可以达到8个百分点。李倩老板的承诺博得客户的热烈掌声。

但是李倩感觉很受伤，这个报告论证严密，是她加了半个月夜班做出来的……气得她打开邮箱，要给老板写辞职报告……

李倩和她老板谁对谁错？

恐怕不能简单地下结论，李倩的3%增长是根据数据、模型计算推演出来的，逻辑看起来严密，但是这是客户想要的吗？

恐怕未必。

客户真正需要的是李倩老板所承诺的更高比例的增长。这个8%的增长后面意味着资源调配等，甚至可以说是“职场最大的政治”。

另外，李倩的数据模型推演根据种种变量进行假设、论证等推论出来，看起来严密和客观，但实际上市场变化那么快，这样的静态数据推导出来的结论很大程度上未必靠谱。

胡适先生有一句名言：大胆假设，小心求证。

李倩也可以按照她老板假设的8%增长比例，小心论证后面需要匹配什么资源。——从结果往前倒推，这在职场也是很常见的套路。

不能满足客户需求，自以为是的结论，这样的咨询是很难达成共赢的。就像哈佛商学院教授理查德·特德洛认为商业上的失败要么是背离了自己的用户，即随意改变过去行之有效的战略（显著的变化），要么是被用户抛弃（微妙的变化），或者是两者同时发生。

我在F进化微信群和大家也聊到类似"需求"这个话题，主要谈了"被需要"的重要性。

我们常常会因为没有"被需要"而感到无奈。职场中，被客户、被上级需要甚至是一种幸福，没有"需求"表明没有过高的价值，不可替代性不强。

被客户或者上级需要，对客户或者上级而言就是一种需求。即使经常可能被甲方"虐待"，那么当你做到甲方离开你不行的时候，即使甲方也得好好掂量掂量，很少会有人愿意拿自己的业绩和实在的利益去冒险。即使甲方考虑换掉你，他也会评估好收益和损失之间的关系，那么作为乙方的你请好好提升自己的不可替代性吧。同理，作为下属也一样。

反之，作为甲方也要考虑长期合作关系，和乙方形成利益共同体，不能欺人太甚，这方面很多日本企业做得不错。

否则，当贵为甲方的你在有一天面临困境的时候，乙方也许会落井下石；即使不会，你要考虑乙方会不会为了你眼前的困难付出额外更多的努力和付出。因为乙方也是会衡量收益和损失的社会人。

说白了，甲方、乙方是彼此需要的关系，如果形成了良性合作关系，是谁也离不开谁的关系，一般而言甲方会强势一点，但是特定环境下也会反转。所以，做人留有余地不要太过，给乙方尊重是好的做人方式；作为乙方，一旦形成自我的优势，也不要妄自菲薄，一个不理性的甲方不合作也罢。

请记住，这不是一个静态博弈，而是一个动态博弈。

学习印度IT人的做事方式

我看到过一篇文章《印度人在管理上真正diss掉中国人的点在哪》，作者汪涛，曾经担任过中兴印度公司CEO。他在文章中以自己的亲身经历为例，对我们如何正确理解抓住需求很有启发。内容节录如下：

> 当年任中兴印度公司CEO不久，我与两个印度员工一起去见客户。他们去之前就列出24个要讨论的问题，用了一上午时间把这24个问题一个一个讨论完了。
>
> 中午我们到客户办公楼旁边吃饭，下午又去见同一批客户，我以为是要谈别的事情，但让我惊讶不已的是他们把相同的24个问题又用一下午时间重新一个个全部仔细确认了一遍，看我方理解是否有误。等回公司后，他们把所有与客户确认过的理解全部整理成文，用邮件发送给客户，也抄送给了我和双方所有相关人员。
>
> 这种工作方式并不是中兴公司要求，也不是我要求他们这

样做，而完全是他们自己做事情的习惯。

为什么国外客户愿意把软件交给印度人来做？因为软件开发成败80%甚至更高的因素是对客户需求的准确理解。与印度人沟通，他们的这种做事方式可以确保对客户需求的理解是准确和可靠的。做出来的东西指标，不会少，也不会多，正合适。

但是中国人做事情的方式往往是什么样的呢？客户一说需求是什么，中国软件开发人员可能马上就说：我清楚了，我清楚了。

然后这些人的超强创新能力就充分地发挥，各种花哨的技巧充分地展现出来，蔑视印度人代码做得太烂。所以，如果经理和领导不是定期地死盯着，最后这软件就有可能不知道做成什么了。领导很累，员工很累，客户也很累。

中国领导整天都有新思路，要求员工应当有很强的执行能力。领导一说，马上就得去干。但是等干到一半，领导可能都已经忘掉说过的话了，最差情况可能莫明其妙地训斥你一顿：谁让你干这个的。

常听说要很好地“领会领导的战略意图”：这意思就是说领导的战略意图是什么其实他自己也不是太清楚，因此让大家各自相对自由地发挥。发挥得好，就是领会得好。发挥得不好呢？就是没有领会好。

以上当然是相对比较严重一些的表现，但中国的管理沟通中的确存在传递信息模糊性的问题。

印度人的沟通方式很难吗？

看起来其实很简单，然而做到却不是那么一回事。

实际上，这一招在国内很多职业经理人用在和下属沟通上面了：先给下属交代清楚问题，然后让下属复述一遍，从而提升沟通有效性。

然而，在和客户沟通等方面却用得不多。

印度人这种沟通方式效率非常高，和我们让下属复述确认方式相比，优势在：

1）多了和老板书面二次确认，因为老板初次交代的时候已经确认了一次；

2）通过邮件客户反馈，同时抄送老板，又多了一次确认。

这样做的好处除了多次反馈、确认外，防止与需求不匹配，而且避免扯皮——毕竟黑字白纸摆在这儿。

且不论这篇文章是不是对印度人的做事方式有以偏概全的描述，但这篇文章传达的做事方式是非常值得我们学习和借鉴的。

印度人善于抓住客户需求，并且多次确认，这就确保后期方向上的正确性，而避免因为自己理解偏差导致浪费时间和精力。

这难道不是一再提醒我们抓住真正客户需求的重要性吗？

分析、诊断

分析、诊断的作用除了在抓住需求方面起到关键作用外，也是发现关键问题点、提出解决方案必不可少的一个环节。分析、诊断要采取“定性＋定量”相结合的方式来推动。

这个环节是非常重要的一个环节。

举一个桥水基金创始人瑞·达利欧的案例。

达利欧认为他个人最大的失败是在1982年。当时，墨西哥对美国债务违约。达利欧分析相关信息后，认为这种情况下美国会出现金融危机、经济危机，他对此结果十分自信。当时他参加了国会听证会，还在电视、报纸上发表了相关言论和文章。

结果，达利欧亏了大量的钱，几乎破产，他的客户也因为他这样的判断亏了大量的钱。后来，达利欧不得不靠从他父亲那儿借的4000美元渡过难关。

对于墨西哥债务违约这个问题，达利欧并没有恰当地诊断，考虑的变量过少了。他只考虑了墨西哥违约单方面的影响，没有考虑到其他很多重要的变量。

如何看待这些因素，将对决策的效果起着非常关键的作用。实际上，虽然墨西哥对美国的债务违约了，但更为重要的是，随着资金大举撤出借债国，资金回流到美国，一切都改变了。这使得美元升值，给美国经济造成了通缩压力，从而美联储可以在不加剧通胀的情况下降息，结果反而驱动了一场新的经济繁荣。

分析、诊断最核心的还是要从数据入手，定量要放到比定性更为重要的位置。难点在于面对同样的数据每个人的解读是不同的，甚至完全相反，这也充分说明分析并找出问题的真正原因非常难。

一个好的分析，我们不但要看现在的数据，还要看同比、环比及其他相关的数据，还要分析是否有异常数据，这个异常数据是否对结论产生明显的影响。

假如，你的老板让你分析一下中国的科技企业2018上半年经营情况如何，你会如何破题？

你想到，我们可以通过分析上市公司科技股的盈利水平来入手。

这当然是一种有效的方式。

那么接下来，我们要将2018上半年的数据统计出来，对比2016年、2017年等历史数据，分析是上升还是下降，并分析上升或者下降的原因是什么。

需要多做几个版本的测算，比如，是否剔除一些极端数据如大体量的公司；还有，需要单独统计分析2018上半年新上市科技公司的情况，2018上半年是否有退市的科技公司。这些异常数据如何处理，有时候这些异常数据（尤其在样本量不大的时候）会对分析结论产生较大或巨大的影响。

要做好这个分析止步于此还是不够的，如什么公司可以定义为科技股，这里面如何进一步细分，细分行业表现有多大差异。要考虑到是不是因为某一个细分行业极端的业绩上涨或下跌对结论产生了显著影响，等等。

这就是善于分析、诊断的强大力量。

不要将现象等同于原因

要提出针对性很强的解决方案，在了解需求后，一个关键点就是要了解产生这种现象的原因。

不找出真正的原因，就别期望能真正解决问题。我们表面看到的一些原因实际上并不是原因而是浮于表面的现象。

A公司某样产品销售业绩一般，客户认为原因是销售人员士气低落、产品质量一般、价格太高等。

但这并不一定是真正的原因。糟糕的是如果认为以上就是真正的原因，采取培训和组织员工活动提升员工士气；加大研发、购买新机器企图改善质量；降低产品等措施，如果这些措施一并实施，很有可能导致收入降低、成本上升的结果，企业的处境会更加危险。

没有调查就没有发言权

那么，我们该如何真正了解问题产生的真正原因呢？

我们可以学习日本管理专家大前研一的做法。他会采取实地访谈法，针对每一个地区、每一个销售员，收集竞标时的中标率资料，加以分析。

假设A公司这个产品有500名销售员，那就得看完这500人的投标单。如果所得到的结果是各地区没有明显的差异，但是有些销售员的中标率是80%的话，就知道问题不是出在商品质量的好坏上。因为如果商品的质量真的那么糟糕，销售员不可能有这么好的中标率。当然，如果只有一个销售员有这么好的成绩，则又另当别论。因为这个销售员有可能是天才，或者他有强大的背景，所以应该视这种情形为特例。

了解到这些事实后，大前研一会立刻去实地访谈。他不是访谈部门负责人，而是一线的销售员。这个时候，他会请销售部门负责人将中标率高的安排坐在左侧，业绩中等的坐在中间，三人一组进行访谈。由于事先知道他们的业绩，所以问他们是怎么销售产品后，从他们的回答，马上就可以了解他们之间的差别了。

由于销售员不知道这么安排的目的，就连业绩不佳的销售员也会说得头头是道。可以预计，业绩不佳的销售员最善于把原因归结为外因，最善于说明商品的质量不良，或者有噪音、产品不符合办公室的需求等因素。实际上，他们只不过把平常客户的不满当作商品卖不出的借口而已。

但是业绩好的销售员不找借口。面对客户的不满时，他们会说的确产品会发出噪音妨碍你们工作，但是只要不放在办公桌旁，你们就不受影响。或者说和其他公司相比，我们公司的产品可是最袖珍、最不占空间的。

如果不事先知道他们的业绩，就有可能错把业绩不好的销售员说的借口当成是真实的原因，得出莫名其妙的结论。

这个访谈就是为分析原因及寻找解决方案做准备。

提出假设

在第（2）阶段分析的前提下，我们就可以提出假设。根据分析的基础，我们可以提出多个假设。

当然，一些假设可以略过上述第（2）步骤提出分析环节，直接进行。如我们在做一些敏感性分析时，我们可以直接假设企业收入、利润下降10%、20%、40%、50%……时可能出现的情况。

继续谈上面的案例。

据此，我们可以提出一个假设：销售不佳的原因，至少不在商品。

注意，这只是一个假设，还需要验证才可以变成结论。

验证

在需求、分析、假设后，进入到一个非常重要但却是很多人忽略的环节，就是验证。

最有力量的分析往往来自数据，而最有力量的验证往往也是来自数据。假设我们论证中国人的物质水平和30年前相比有明显提升。除了我们直观的感受，大家的收入水平如何，和其他国家对比如何，普遍受教育程度如何……用这些数据来验证是最有说服力的。

而如何正确使用数据，可以单独写一本书来论述了，比如说要注意平均数和中位数的差异，一些极端数据是不是要剔除，样本量的分布和多寡对分析和结论的影响……

还是以A公司销售为案例。“如果销售不佳的原因在于商品，就不会有中标率高达80%的销售员。”

如何验证？

大前研一提供的方法还是实地访谈法。事实上，在访谈的同时，就可以同时对这一假设进行验证了。如果能够从中得到足以验证结论的结果，就会让我们有信心确定这一假设就是结论。

提供解决方案

假设不等同于结论，更不等同于解决方案。这个步骤也是最关键的一个步骤，如果解决方案不靠谱，谈再多的执行力也将毫无意义，因为方向错了。

还是以A公司销售为案例，假设得到验证后，接下来就是提供结论和解决方案。可能的方案是：指定业绩最好的几位销售员，由他们来为其他销售员做培训；另外，需要引入绩效考核，淘汰销售业绩排名靠后的部分销售员工，可以降低成本，同时激发其他销售人员的斗志。

当然，实际的方案可能性还有很多，要针对企业及行业的情况，也可以加大引进成熟的销售人员，改革绩效薪酬制度，优化销售流程、手册，从而改善销售产出率等。

提供解决方案，还有一个因素是很多人会忽略的，就是人的因素。这也是为什么我在这一章专门拿一节来谈“同理心”的原因，如果方案没有考虑到所涉及相关人员的预期反应，再好的方案也有可能束之高阁，或者实施不力。

如何搞定人，接下来我为大家提出一些建议，当然实际情况远比这要复杂得多。

君子与小人区分对待

“君子喻于义，小人喻于利”，出自《论语·里仁》。意思是指：君子与小人价值指向不同，对谦谦君子只须晓以大义，而品质低劣的小人只能动之以利害。君子于事，必辨其是非；小人于事，必计其利害。

孔子将人分为“君子”和“小人”两类，并分别提出了应对方案。实际上，我们不可以简单用狭义的“君子”和“小人”来区分，这种狭义的分类在实际运用中也很难判断，我们很多时候压根分辨不出谁是君子谁是小人，这本来就是一种比较模糊的分类。

在具体运用中，我建议进行广义解释，如我们可以按照岗位、收入水平、思维层次等进行多种多样的区分。

我给大家举个例子。我的同事们因为出差很多，如果碰到机场离目的地很近的地方，因为出租车司机排队时间很长，司机会觉得很不合算，有的人会直接表现出非常不开心，甚至拒载。

我的一些同事为了减少冲突，一般都会提出额外加钱的方案。对于到机场排队花费一个多小时，甚至几个小时的司机而言，他们的诉求是非常清晰的，就是多挣一些。

这个时候我们乘客同司机讲再多道理，对方不一定听得进去。实际上，道理、规则他们也懂，比如不能根据距离远近选择顾客，但是他们就是很难从情感上接受。

从实际效果来看，你我都会知道哪个效果更好。

而对一些财务状况相对不错的人，采取利益绑定的方式不是说没有效，同时也要兼顾其他因素，很多时候起决定作用的倒是“谈得来、处得好”，因为同样的利益情况下（甚至差一些也可以），这些人还会考虑一个“义”字。

因此，碰到不同的人，不同的事，应对措施应该有所区别。有的时候我们需要讲道理；有的时候讲道理没有用，如给些实实在在的利益更容易解决问题。

六　被忽视的细节管理，千万大单的折戟之路

辜鸿铭在其所著《中国人的精神》一书中指出，中国人的精神是指深深植根于中国人头脑、脾性和情绪之中，作为中国人生存之本，并将其与所有其他民族，特别是欧美人区别开来的那种精神。

辜老认为真正的中国人拥有无法言喻的温良气质，是富于同情心的真正的人性智能，是同情与智能的结合，是心灵与头脑和谐共荣的结果。简而言之，是灵魂与智慧的融洽结合。

中国人素以记忆力超群著称，其中有何奥秘？奥秘就在于中国人是用心灵而不是头脑来记事的。

心灵中的“同情心”，就像胶水那样具有附着性，相对地，头脑或智识就显得干瘪和僵硬。同理，这也是我们童年时的记忆力远

强于成年后，因为在孩童时期，我们跟所有中国人一样，是用心灵而不是头脑来记事的。

说完中国人的优点，辜老也提出了中国人“缺乏严谨”的缺点，这也是我们这个章节重点谈的问题。胡适写过一篇文章叫《差不多先生》，表达的也是国人缺乏严谨的特性。在辜老看来中国人不够严谨的原因主要是因为中国人过着心灵的生活。心灵是纤细和敏感的，它不像大脑或智力那样，是一套僵硬、精准、死板的工具。如果你用心灵思考，就要割舍大脑思考带来的稳定性和精准性。

事实上，我们可以用中国人的毛笔来比喻中国人的头脑。用毛笔字写字和作画非常困难，但一旦掌握了它，就将得心应手，能创造出美妙优雅、无与伦比的书画，那是西方钢笔所远远不及的。

最近，我也看了颇多论证西方人比国人逻辑思维能力强的文章。文章呼吁教育部门要加强这方面的投入。

我对此也是深为认同。

缺乏严谨，凡事差不多，逻辑思维能力相比不足，由此导致的后果：从小的方面说，就像辜老说的会带来做事稳定性和精准性不足；从大的方面说，制约了我们科学技术的发展，管理的进步。

慎用“差不多”，仅仅完成是不够的

记得多年前，我刚入职场的初期，上级交代的第一件事就是工作上面不要说“差不多”，不仅仅工作内容上不能“差不多”，形式上也一样不能。现在回想起来，依然非常感谢我职场初期能遇到那样严格要求的上级。

我们身边不难碰到这样的人，什么事情“差不多”就行了，口头禅是“那么认真干吗？”。这类人的表现是：同他人约定了具体时间会面，总是晚几分钟才到；打印个材料，段落格式不一致也懒得改，美其名曰“内容比形式重要”；复印个资料，有几页没有复印清楚，也以“差不多就行”安慰自己……

其实，这类人往往不是所有的事情都这样的，要是事关自己的利益，几毛钱也算得清清楚楚。

这个“差不多”主要是对付“其他人”的，针对“自己”是另外一回事了。我们不难碰到因为细节不注意丢掉单子的事情。都说实体经济不好做，那是你做的实体马马虎虎，对外敷衍客户，对内不重视管理，好做才怪。

就拿钢铁加工行业为例，即使2016年那么惨淡的行情，依然有不少公司做得有声有色。一次，我问一位在钢铁行业工作多年的朋友怎么做到的。“管控成本，提升质量，优化渠道。既有减法，还有加法。”朋友说。看起来很平常的套路，难得的是对细节的考究，执行的严苛。说白了，就是对“差不多”的零容忍。

“差不多”的人，不重视过程，往往也会输掉结果

我所在的投资银行业，因为重视细节拿到大单，和因为不重视细节丢掉大单的例子举不胜举。

在这个供给过剩的商业环境下，很多时候我们提供的服务都是标准化的，这个时候更加凸显细节的重要性。

智商一样，那就比拼情商，比拼极致的服务。圈内的好多人都知道这样一个故事。某个大单，最后决定哪家投资银行中标，是因为某投行的团队全部穿了深色的西服，而对手没有重视着装这个细

节，西服的颜色不统一，不太整齐……

因为这个赢了，你说对手冤不冤？

我说不冤。反过来，也可以这样推论：对着装都这么重视的公司，我们有理由相信他们会提供最好的服务。

一旦“差不多”养成了习惯，我们的人生也就成了“差不多”。“差不多”，对自己放纵，伤害他人，最终也会伤害自己。

面对这样一个双输的行为，我们没有理由不予以克服。必须持之以恒，养成拒绝差不多、追求完美的习惯。即使今天辜负了你，明天也会给你回报；这里辜负了你，别处也会给你回报。

善用细节好“打单”

英国的税务部门针对迟交税款的民众拟出了各种各样的通知信函，尝试了多种沟通手段。这些做法的绝大多数都在强调，如果不按时提交表格和纳税会承担什么样的后果。从实际结果来看，这些传统方法是管用的，但对更多人来说不起作用。

而利用细节管理之“社会认同”的规则调整后发生了什么？

先说效果，清缴率从57%增加到了86%。只是因为增加了一句话，那就是将按时缴税的真实人数，一个相当大的数字写上去了。

这就是史蒂夫·马丁、罗伯特·西奥迪尼所著《细节——如何轻松影响他人》所举的案例。

书中还列举了很多经典案例。

如人们的决定不是在真空环境中做的，我们的决定总是受到情景的影响，因此选项出现的顺序真的很重要。

如果酒单以15美元一瓶的特选酒开头，那么酒单中部35美元的一瓶红酒就会显得比较贵。相反，把600块钱的酒排在酒单最前面，会让350元的酒显得价格更合理。

当价格不容易计算时，人们更喜欢产品数量在前、价格在后的顺序。

比如人们更喜欢“580小时的节目收费285.90美元”，而不是“285.90美元可看580小时”。

善于利用细节的人不但不容易失败，而且更容易通过精心的设计取胜。这就是细节管理的魅力。

七　被低估的风险管理，不可忽视的守门人

一只每天有人喂食的火鸡，每次喂食都使它更加相信生命的一般法则就是每天得到所谓友善人类的喂食。

这个友善的人类持续喂它，火鸡由过去经验得到的结论是：人类非常友善，且可依靠，因为这种情况已经持续了1000天。

直到在感恩节之前的一个星期三（第1001天）下午，某件预想不到的事发生在它的身上……

这就是单纯依赖所谓经验带来的风险意识的缺陷。

基本上，每年中国股市都有至少几次大跌，基本上每次都是一大批散户又被收割了。其实，中国股市创立那天起，这样的故事一直在上演。我们开设股票账户目的都是想赚钱，事实上的结果在我们A股市场，大部分投资者是亏钱的。

为什么？系统分析原因，可以找出N条出来，比如我们整个证券市场体制性的一些问题。除了外因，我想重点说说风险思维：

“不要高估自己的能力，以为自己可以不一样。”

实际上，投入金钱到股市去的很多人就是抱着这样的心态，觉得自己能力超强，可以快速发家致富。

全球风险专家迪伦·埃文斯在其所著的《风险思维——如何应对不确定的未来》中提出，很多人会犯过度自信或信心不足相关的错误：过度自信是把不确定的事情视为确定的事情，而信心不足则是低估自己已经掌握的资料，总觉得资料不够齐全，不足以做出判断。有些人甚至将“过度自信”与“乐观”等同起来，它不应该站到风险思维的对立面。

如果我们自信到麻木，明知有不可控制的风险却忽视它，并不是自信。好比一间黑暗中的屋子，只有烛光周围是明亮的，其余部分只能隐约看见，它们既不是完全黑暗、不可预料，也不是清晰可见、历历在目，这种介于看清和看不见之间的领域，我们把它叫作“昏暗区”。

我们大多数人不喜欢或不善于根据不确定性即根据“昏暗区”做出决策和判断，但我们在日常生活中，却不可避免地会经常遇到。

当我们选择工作、房子、配偶、投资等事宜时，我们不一定盲目选择，但我们真正地了解清楚了吗？

2015年上半年A股疯狂奔跑时，有多少人能意识到这是市场的恩赐，而不是个人努力的结果，个人能力的体现。结果砸下来，一地鸡毛也就再正常不过了。

“大部分情况实际上会一样”，说的就是这类人。

科学家弗朗西斯·培根曾经说过这样一段话：“人类的理解力一旦接受了一个观点……就会把所有的东西都搜集来支持和同意这个观点。尽管有更多、更有分量的例子反对这种观点，然而对此不是忽略就是轻视，要不然就是不理会或者不接受，目的在于借助这一重大的毁灭性的前定作用，保证其先前结论的权威不受侵犯。”

你的B计划在哪里

很多人做解决方案时会做PlanA，PlanB，甚至PlanC。PlanB和PlanC是什么？

这是预案，也是风控手段。

迪伦·埃文斯在其所著的《风险思维——如何应对不确定的未来》中，提出了一些要避免的雷区及一些方法论。如避免从众心理、后见之明、痴心妄想（很多股民就是）、期望效用等。我们需要评估风险判断和概率估算的能力，简单地说就是准确估算概率的能力。

在一些专业领域如金融投资，需要借助外力或自己建立投资模型来协助进行投资决策，对杠杆的使用要将风控做在前面，而不是只考虑赢的可能，不考虑输的后果是否可以承受。

而对于我们的职业经理人或专业人员，也需要通过一些专业的模型、工具，建立规范化的流程、操作手册，协助我们管理自己或管理他人，并养成良好的习惯；完全靠自我的意识进行控制，这条路注定会走得特别艰难。

应对风险的十项原则

纳西姆·尼古拉斯·塔勒布所著的《黑天鹅：如何应对不可预知的未来》给出了十项具体建议：

1）脆弱的事物在其初始阶段便会失败；

2）不存在损失的社会化和收获的私人化；

3）蒙面驾驶校车（并使其撞坏）的人不应当再给予开校车的机会；

4）不要让从事“激励”红利的人掌握一座核电站或者掌握你的金融风险；

5）用简洁性弥补复杂性；

6）不要将炸药给孩子玩，即便炸药上带有警告标志；

7）只有庞氏骗局才能依靠信心，政府从来不需要“重拾信心”；

8）在吸毒上瘾痛苦万分时，千万不要给他更多的毒品；

9）市民不应该把金融资产看作一种保值手段而对其大加依赖，也不应当依赖那些漏洞百出的专家们的“建议”；

10）用打碎的鸡蛋做蛋卷。

另外，塔勒布从心态的层面给出了他的思考，他去了他自己的墓地，原因更多的是为了自己，希望为自己下一站做好准备，这就是塔勒布的B计划，因为对一个有最终归属的人，黑天鹅不会轻易打败他。

他的另外一个建议是接受失去的一切，在塞内加的《第九使徒》书中，斯蒂尔伯的国家被德米特里厄斯占领，斯蒂尔伯的妻儿惨遭屠杀。后来，有人问他失去了什么，斯蒂尔伯却说他没有失去任何东西，他的所有东西都与他同在。此人达到了斯多葛派自我满足的境界，对于逆境有极强的抵抗力。对他来说，所有可能被剥夺的东西都不值得留念。

第三章

精进执行路径：不断走向强大的七个步骤

解决认知、工具和方法论的问题，人生的进阶就进入攻坚阶段。设定合理目标，分解任务，解决障碍，用清单落地，善沟通助执行，利他人，会复盘等，这些步骤娴熟掌握后，你会发现精进是可操作的，并不是空话和口号。

前面我们讲了认知和方法论的问题，这章我们谈执行落地的问题。

在谈执行的路径前，先谈几个重要话题。

我们知道，谈执行前首先要清楚执行的目标具体是什么。即使有明确目标了，我们也会常常迟疑不决，这也就是这本书为什么先从突破认知误区开始的原因。

执行的路径除了目标、路径、行动机会、排除障碍等，这一章我们也会提供一些方法、工具来提升和优化我们的执行效率。

但是，除了这些，最核心的因素还是在于团队，在于人，没有团队成员的共同努力，我们设定再好的目标，有再多的资源，往往也是一场泡影。

发挥团队的力量，提升管理效率

想起我一个朋友王庆的案例。王庆任职某金融机构负责对接客户关系维护，他最近看起来特别开心。

我问他怎么回事?

他说：“我总算找到做事的感觉了，以前的老板总喜欢挑刺，喜欢抓我的小辫子，搞得我最近两年基本不敢做事了，生怕出事。新老板就不一样了，充分发挥我善于对外沟通的优势，即使我偶尔犯错了，老板也完全理解。”

新老板对王庆说：“做大事的人难免会错，只要下次改进，不屡教不改就行。我用人的特点是扬长避短，有功就赏。”

朋友因而自信心大增，年休也不休了，最近干成了几件事，新老板大为赏识。

我十分感慨朋友的巨大变化，以前他经常郁闷得找我喝酒，喝醉了就是抱怨老板怎么样怎么样。作为一位在职场摸爬滚打多年的我，越来越感觉合作才能共赢，上级和下级何尝不是一种合作关系呢?

一个团队有10个人，假设团队一共有8个单位的资源。具体如下：

上级的资源是2；

其中3个下属，每个是1；

其他6个，每个是0.5。

假设一项工作需要2个单位，如果团队负责人独立完成需要自己全力以赴，但如果全团队一起上的话，只要每个人25%的付出就可以了。

而如果需要3个单位、5个单位、8个单位工作，依靠团队负责人一个人的力量根本完成不了；另外，实际工作中，一个团队同时进行几项工作太正常不过了；即使能完成，需要花费很多很多额外的时间成本，显然是得不偿失的。

聪明的团队负责人会充分发挥每个成员的能力和优势，调动他们的积极性，尽量将这些能力转化为资源，调动越多，越会接近100%。

如果因为员工犯了一些错误，或者团队负责人只看到员工的缺点或短处，团队负责人就打击员工的积极性，导致被打击员工的激活度不到50%，甚至更低，就是非常大的浪费，显然也是十分不合算的行为。

道理很清晰，但我们很多上级就是很难控制自己的行为；而且一部分上级压根就没算过这本账，这些所谓的领导更看重的是自己的权力和权威，所谓的“御下之术”。

他们忘记了如果不能很好地完成好自己团队的绩效，自己的职位是坐不长久的。

如果你不是带团队的，道理也一样，通过合作将他人的能力和资源嫁接到自己推动的工作任务中，效能就会有大幅度提升，也更容易达到理想的结果。甚至有些工作必须通过合作才能搞定，因为有些能力或资源是我们某个个体压根不具备的。

在职场中，我们要用人所长，容人之短，通过合作达到共赢，否则最后受损的一定会是自己。

因此，GE前CEO杰克·韦尔奇认为商业归根到底是一项“团队运动”，必须依靠团队的力量。无论你的公司规模是5人、5000人还是15000人，也无关你所处的行业。

接下来，我接着举几个案例。一个是管理这个学科的鼻祖——泰勒（1856—1915），在伯利恒钢铁公司研究铁锹作用，当时每天有400至600名工人用铁锹铲起并搬运矿石或粉末。每天要搬运的矿石大小和形状不同，工人们就根据喜好并考虑自身的力气、体型等情况选择不同大小的铁锹。

泰勒选取了两个人开始实验，他首先分析了最适合的铁锹铲起的重量，最终他得出结论是每锹21磅（9.5千克）。他结合各种搬运对象的形状及每锹21磅的标准，一共准备了八种不同型号的铁锹。

他同时配套优化了工资体系，提出了为超额工作量支付超额工资的阶梯形工资制度。他的优化研究甚至具体到下铲的速度、高度及上扬的时间。

优化的结果如下：

经营利润大幅提升，劳动者收入大幅提升，双赢。管理的一个重要目的是使劳资双方的利益最大化。

另外一个是我身边的案例——

我所居住的小区由某上市房地产公司开发。该公司名气不小，但管理水平感觉也就一般。几年前，经常去物管中心取快递，基本每次都碰到业主因取快递与物管服务人员发生争吵的情况。争吵的主要原因是因为物管人员需要花很长时间找快件，业主等待时间较长，甚至有些快件找不到。而且，物管人员也很不满意，工作量非常大，人也烦躁。

但最近争吵情况基本看不到了，发生了什么？原来物管中心做了一些小小的调整：

1）快递登记册从两本调整为十几本，按照快递公司1、快递公司2、电商1、电商2、其他等进行分类，这样业务登记的速度大大提升；

2）快件也按此分类存放，并要求快递公司短信通知相关业主；

3）物管人员对不及时领取快递的业主发送短信提醒。

而且，物管中心的服务人员也减少了2名。做一个简单的测算：假设一人的成本是每月4000元，2个人的年成本就可以节约9.6万元。当然，这两年引进“云柜”等服务后，成本进一步降低。

继续分享我一个身边的案例——

去一家手机综合服务连锁店买手机充电器，店面很大、很气派。店里有两个小伙子忙得不行，一个给顾客的新手机贴膜，一个忙着帮一位大妈下载歌曲，还有其他几个顾客都在等。

我恰好站在大妈身旁。大妈很热情，问我要买什么，并告诉我她已经在这等了两个多小时。

我说："怎么要这么久啊？"

大妈说："反正我已退休没什么事情可做，所以在这消磨时间没关系。"

原来，这家店的增值服务是给客户免费下载歌曲。给大妈下载歌曲的小伙子实际上非常忙碌、辛苦（即使效率很高，但没有效能），他的工作有成效吗？答案显然是：没成效。

解决的方法我想很多朋友已经想到了。那就是可以事先按歌曲类型打包下载存放，客户需要时直接拷贝就可以，这样既可以节约大量的时间，而且客户体验也会变好。

节省的时间可以服务其他客户，这样产出也会增加。

团队负责人的领导力至关重要

实际上，中国古人早就提出了类似概念——"上下同欲者胜"。"故知胜有五：知可以战与不可以战者胜；识众寡之用者胜；上下同欲者胜；以虞待不虞者胜；将能而君不御者胜。"（出自《孙子·谋攻》）

"上下同欲者胜"，除了在政治军事领域中适用，在企业界、竞技比赛中也有着广泛的运用。

带领一个团队取得成功离不开科学管理，而科学管理的有效性我们可以从上下是否有同一个愿望，是否齐心协力来衡量。

如何做到上下同欲，这是科学也是艺术。领导者要承担起最关键的责任，这也是高领导力的呈现。接下来，以郎平带领中国女排2016年重新获得世界冠军为例进行分析。

（1）首要在于用人

2016年，郎平带来的中国女排重新获得世界冠军，感动了无数的中国人。

回顾中国女排的胜利，首功就在于郎平会用人。她的排兵布阵深思熟虑，敢于启用敢闯敢拼的新人，发掘了朱婷在内的四名新秀。同时，针对每个人特点，特别仔细要求她们发挥什么样的作用。

同时，郎平也非常重视教练组及后勤保障队伍的建设，按照西方强队一样进行配置，由主教练、助理教练、陪打教练、医生、康复师、体能师、营养师、信息情报研究、数据统计等专业人才组成。

（2）领导者要制定好的机制，建立信任合作的文化

每次参加国家队集训的也有二三十人，老中青结合，每个位置总是保持三四人在竞争。老队员和年轻队员在一起，可以传授经验，帮助年轻队员成长。

郎平构建了倡导团队合作基础上的竞争机制。“大国家队”表明给更多人机会，也可以老带小帮助年轻队员更快更好成长；每个位置多人竞争，确保最优能力、最好状态的运动员能脱颖而出，同时也给队员压力和危机感，不进则退。

郎平带领的教练组不惧怕挑战，主动积极和队员们敞开心扉沟通，整个团队氛围也就会向良性发展。

团队是否信任的标志是什么？

看看大家愿不愿意暴露自己的缺点，而不是将自己的弱点藏着掖着。拿主力朱婷为例，朱婷当着媒体说“自己的优点在进攻方面，身高优势比较好，缺点是下三路的东西”。

（3）领导者要善于激励下属

好的领导者明白大棒的重要性，但也知道胡萝卜的重要性。还是以郎平为例，她在激励队员士气方面成果卓著，虽然她也曾经走过弯路。她在接受采访时说："要相信队员，要给予队员成长空间。以前我带队时，如果一个队员动作做得不好，我就会特别着急。现在不这样了，现在我会想，她下次一定会做得很好。"

在关键的冠军之战中，郎平每次叫暂停，都是勉励、鼓励队员为主，而且针对每个队员的特点给予意见，让人感觉既专业又贴心。

（4）领导者要设定合理的目标

这个也非常关键，本章后面会重点阐述。设定不切实际的目标不但不利于达成，反而会打击团队成员的士气，起反作用。

郎平根据团队发展的现状，不预先设定过高目标，保持平常心，但她带领中国女排队员特别善于抓住机遇；反观巴西国家队却打得患得患失，因为他们是冲着冠军去的。

在这样的高期许、高压力下，巴西队主力16号虽然赛段前半段发球很好，在后半段最关键的时候居然发出界了。

（5）领导者要不惧怕冲突，不害怕得罪人，甚至要勇于淘汰人

领导者做老好人，最终倒霉的会是整个团队。好的领导者是要不惧怕冲突的，郎平就是这样的人。一个优秀的领导甚至善于发掘、利用冲突。

她引进了那么多年轻的后起之秀，老队员完全没有想法那是不可能的，但她通过建立开放信任的文化等方式处理得很好。行就行，不行就不行，不拖泥带水。郎平赛后接受采访说："我看袁心玥在前面的发球，她发球不靠谱，她发完球以后上来防守也不行。所以我在想这么胶着的时候，一定要换一个。我（用眼睛）溜了一圈，就张常宁可以，因为还没用过她，她可以上去发一下，而且她在6号位防守是她的本位……”

靠谱的领导者对于一些不适合团队发展的成员要敢于直接淘汰。

一　执行起点从设定合理目标与计划开始

执行力如何，从是否科学合理的设定目标和计划开始。前面我以郎平带领中国女排重获世界冠军进行了部分说明。

有些人平常看起来很忙，但是没有章法，就是在这一环节出了问题，业绩不好也就在情理之中了。

有这样一个小故事——

在一个山谷的禅房里有一位老禅师，他发现自己有一个徒弟非常勤奋，不管是去化缘，还是去厨房洗菜，这个徒弟从早到晚，忙碌不停。

但是这小徒弟内心很挣扎，他的眼圈越来越黑，终于，他忍不住来找师父。

他对老禅师说：“师父，我太累，可也没见什么成就，是什么原因呀？”

老禅师沉思了片刻，说：“你把平常化缘的钵拿过来。”

小徒弟就把那个钵取来了，老禅师说：“好，把它放在这里吧，你再去给我拿几个核桃过来装满。”

小徒弟不知道师父的用意，捧了一堆核桃进来。这十来个核桃一放到碗里，整个碗就都装满了。

老禅师问小徒弟：“你还能拿更多的核桃往碗里放吗？”

“放不了了，再放核桃进去就该往下滚了。”

“哦，碗已经满了是吗？你再捧些大米过来。”

小徒弟又捧来了一些大米，他沿着核桃的缝隙把大米倒进碗里，竟然又放了很多大米进去，一直放到都开始往外掉了。小徒弟才停了下来，突然间好像有所悟：“哦，原来碗刚才还没有满！”

“那现在满了吗？”

“现在满了。”

“你再去取些水来。”

小徒弟又去拿水。他舀了一瓢水往碗里倒，在小半碗水倒进去之后，这次连缝隙都被填满了。

老禅师问小徒弟：“这次满了吗？”

小徒弟看着碗满了，但却不敢回答，他不知道师父是不是还能放进去什么东西。

老禅师笑着说：“你再去拿一勺盐过来。”

老禅师又把盐化在水里，水一点儿都没溢出去。

小徒弟似有所悟。老禅师问他：“你说这说明了什么呢？”

小和尚说：“我知道了，这说明了时间只要挤挤总是会有的。”

老禅师却笑着摇了摇头，说：“这并不是我想要告诉你的。”接着老禅师又把碗里的那些东西倒回到了盆里，腾出了一只空碗。老禅师缓缓地操作，边倒边说：“刚才我们先放的是核桃，现在我们倒着来，看看会怎么样？”老禅师先放了一勺盐，再往里倒水，倒满之后，当再往碗里放大米的时候，水已经开始往外溢了，而当碗里装满了大米的时候，老禅师问小徒弟：“你看，现在碗里还能放得下核桃吗？”

老禅师说：“如果你的生命是一只碗，当碗中全都是这些大米般细小的事情时，你的那些大核桃又怎么放得进去呢？”

小徒弟这次才彻底明白了。

如果我们像诸葛亮一样，事无巨细，实际上犯的就是和上文小徒弟一样的错误，用战术的勤奋掩盖战略上的错误。

参加过《高效能人士的七个习惯》培训的朋友可能看过这样一个视频，内容是我们究竟应该如何在一个器皿放代表不同工作、生活时间安排的石块？

正确的做法应该先放那些大块代表重要安排的石块，最后再放那些小石子，而不是眉毛胡子一把抓。

如果我们不是这样计划、安排，就会发现工作生活变得一团糟，而且可能出现领导、同事、家人及自己都不满意的情况。

法国作家拉罗什富科说过，整天只知道为琐碎的小事忙碌的人，必定成不了大器。我们发现，真正把公司做大做强的一些优秀企业家如马云、比尔·盖茨等，他在自己公司花费的时间并不多，大量的时间花在参加各种公益活动、论坛、读书，而不是忙得连思考的时间都没有。

目标管理的工具

目标管理往往是和绩效考核结合在一起的，特别是重要的年度目标。常见的目标管理工具有MBO（Management by objectives）、KPI（Key Performance Indicators），最近几年在互联网公司流行OKR（Objectives & Key Results）。

工具就是工具，就好像很多人把索尼的失败归结为KPI，这个是很荒唐的事情。要承担责任永远应该是使用工具背后的人。

从关注目标的角度看，OKR和KPI并没有明显的区别。那么区别在哪里呢?

我认为还是背后的理念，不要为了目标而去完成目标。OKR是一套严密的思考框架和持续的纪律要求，旨在确保员工紧密协作，把精力聚焦在促进组织成长的、可衡量的贡献上。它强调不仅仅是自上而下，更要重视自下而上，达成共识，聚焦成长。另外，OKR都是公开的，组织里所有人都可以看，而KPI一般只是相关人员了解。

KPI一个很重要的弊端，没有突出“K”，过于泛滥的指标分散了注意力。OKR强调将精力放在最重要的目标上，只写关键项。

OKR的强调不仅仅是一个很好的目标管理工具。实际上，它在日常管理中也可以运用，甚至可以以周及更小的时间单元来运用。

OKR实际上是一种简化的目标管理方式，更加强调落地，通过运用它帮助我们提高沟通效率，降低管理成本，增加员工的能动性。

聚焦核心目标，少就是多

核心目标不宜过多，一般不超过3个，最多不超过5个。然后聚焦于这些核心目标，参照80/20的原则，将主要的精力放到最核心目标。

乔布斯说过专注和简单一直是他的秘诀之一。简单可能比复杂更难做到：你必须努力理清思路，从而使其变得简单。但最终这是值得的，因为一旦你做到了，便可以创造奇迹。

苹果的产品大都简洁，强调“少就是多”，充分诠释了乔布斯这样的设计哲学。

在核心目标中，还需要进一步聚焦，将精力放在最核心的一个目标中去。

虽然我们的目标会有很多，也都需要完成，但是最重要的目标必须达成。如果我们最核心的目标无法完成，那么其他的目标是否完成意义都不大了。

如果我们有很多目标，我们的精力就会分散，我们的情绪也会受很大影响，压力也会更大。

以一个销售经理James为例，部门共计15人，他设定了5月关键目标如下：

5 月关键目标	指标分解及具体任务	备注
（1）A 产品销售收入从 4 月 1000 万提高到 5 月 1200 万	（1）4 月销售冠军王维确保 5 月完成 500 万元指标，本人 James 将积极配合； （2）4 月第二、三名同事确保 5 月合计完成 300 万目标； （3）新招聘的资深销售人员 3 人，每人当月的目标为 100 万，本人 James 将积极配合； （4）其他同事 8 人每人需完成不低于 50 万元/人的目标，本人 James 将进行指导。	将核心资源向优秀人员倾斜； 4 月淘汰了 1 名业绩最差人员，引进 3 名，虽然固定人工成本总体增加 10%，但期待通过收入驱动，分摊成本，提升边际收益； 其他同事，通过培养和实战，逐步差异化，一部分的月度考核目标将逐步提升到 80 万元。

5月关键目标	指标分解及具体任务	备注
（2）部门的5月利润达到500万	（1）主要还是要开源，确保指标收入完成； （2）一些成本的分摊，解决公司内部定价过高的问题，降低内部定价成本50万元； （3）通过数据分析，对比4月，减少无效招待支出5万元。	通过和同行的对比，须在5月10日向总部提交相关报告。
（3）拜访核心客户不少于10次	（1）5月15日前拜访不低于7家，可以集中性安排大段时间来解决； （2）5月中下旬确保3家，力争5家。	

从这名销售经理James设定的月度关键指标来看，他最核心的目标还是收入，而不是利润及其他。

目标制定的原则

（1）SMART原则

按照彼得·德鲁克的观点：制定目标需要遵守SMART原则，以每个原则的英文字母组合成SMART，具体如下：

1）目标必须是具体的（Specific）；

2）目标必须是可以衡量的（Measurable）；

3）目标必须是可以达到的（Attainable）；

4）目标是要与其他目标具有一定的相关性（Relevant）；

5）目标必须具有明确的截止期限（Time—bound）。

无论是制定工作目标，还是员工的绩效考核目标，都必须符合上述原则。

（2）目标管理的策略

管理大师道格拉斯·麦格雷戈认为理性的目标管理策略需要包含以下四个方面：

1）明确担任某项工作所需要的能力水平；

2）建立某一时间范围内需要完成的确切目标；

3）制定该任务期间内的管理流程；

4）对任务完成情况进行考核。

这是基于Y理论为基础之上的目标管理步骤，区分于传统指挥与控制为核心的X理论。

侯世达定律

做财务或人力资源的很多朋友都知道，每到年底，都会有很多数据报表要统计、分析，发现实际花费的时间会比实际预计的要长。这是为什么呢？其实，这背后有一个定律支撑——侯世达定律。

侯世达定律源自侯世达所著的《哥德尔、埃舍尔、巴赫》，意思是做事所花费的时间总是比你预期的要长，即使你的预期中考虑了侯世达定律。

做复杂任务需要花费的时间总是很难预计的，这一定律最初是描述早年国际象棋人机对弈的现象。侯世达认为计算机下国际象棋的早期阶段，有人曾估计再要十年的时间，计算机（或程序）就能得到世界冠军。

可是，十年过去之后，计算机要成为世界冠军似乎还要再过十年……他将这一现象看作是侯世达定律存在的一个例证。

我们做一项较为复杂的统计时，我们预计能完成的时间，往往并不能达到预期的结果；即使能完成，需要修正的地方也会较多。

这一点，我其实经常会碰到。当团队成员信誓旦旦说能够在某一时间前完成该项任务时，实际上延迟的时间往往会超过很多。即使可以按时或提前完成，质量也不会达标。因为需要厘清及重新统计的工作量会非常大。

再举一个例子。很多单位会组织团建活动，假设某位同学来组织，实际上他需要花费的精力和时间比他自己预计及他人预想的要多得多。

人员去或不去，怎么去，怎么住宿，怎么吃饭，怎么安排活动，需要花费的时间比预计的要超过不少。

接下来，我们来谈一谈怎么应对这一定律带来的困境。在历史上诸多战役中，用兵谙熟的将领们普遍都有一个非常好的习惯，那就是留一支预备队，往往这支预备队会起到力挽狂澜的作用。

由此我们可以进一步推论，我们在做计划时，需要留有必要的余地。

除了必要的加班外，一定要做好计划，对工作进行排序，提前把握好工作的难易程度。要学会对事情按照重要性、难易程度进行排序。我记得我多年前曾经有一段时间因为同事离职，一个人干过三个人的活，但是还是可以应付得过去。这与我善于计划及清单管理不无关系。

二 将目标分解，并制定行动计划

根据我们制定目标的不同情况，有些目标还需要分解。如绩效考核目标我们可以从大团队分解到小团队，小团队可以分解到个人。

具体的工作目标或任务，假如是一个项目，一般我们需要进一步分解，制定分解后的行动机会，并依赖团队的力量去完成。

2016年，王健林以287亿美元资产位居华人首富。当时，他做客《鲁豫有约》。节目中谈到“心有多大舞台就有多大，真的对吗？”时，王健林表示“心和舞台是个逐渐放大的过程”。

王健林接着说：“但是最好先定一个能达到的小目标，比方说我先挣它一个亿。你看能不能用几年挣到一个亿。你是规划五年还是三年呢，应该到了一个亿，我们再说下一个目标，我奔10亿、100亿。”

很多人接受不了“1亿元”的小目标这个概念，纷纷感慨刷屏。实际上，对首富而言，1亿元也就是和我们的赚钱目标为2000元，先赚1元钱差不多。目标这个事情是因人而异、因事而异的。

举两个其他案例——

（1）如果你想和李嘉诚合影

你直接找碰壁的可能性比较大；但你可以先找和记黄埔的经理，通过经理见到和记黄埔的高层；然后，通过和记黄埔的高层引见给李嘉诚，完成合影的愿望。

（2）大专毕业实现月薪1万的目标

你去某500强企业应聘，却发现面试机会也没有，你顿时觉得前途一片黑暗，这辈子也不可能实现这个目标了。

但你可以换个思路——

可以找一家跟500强企业同类型的企业。这家企业相对人才招聘对学历要求低，而且正求才若渴，但薪水却只有2000元，你进去后积极努力工作，成果显著。

三年后，你升职为经理，月薪已达8000元，而同批次的小伙伴们因为薪水等原因早已大多离职。

又过了两年，你梦寐以求的500强因为快速发展，需要大批次招聘有经验人才，通过猎头找到了你，承诺月薪1.5万元希望你过去。

这两个案例和首富的说法本质上是一个意思。这就是分解目标的魅力。正如古人所说，“天下难事，必作于易；天下大事，必作于细。”举一个伦敦出租车司机考试的案例。

伦敦的市中心道路有这样的特点：它本身没有任何逻辑性，道路不是对称设计的，没有可供预先判断的标志物。

道路名也是杂乱无序的，无法展现道路之间的清晰关系，就像一个装满意大利面的盘子掉落在地板上的状态。

因此，在伦敦要当一名出租车司机，难度可想而知。为此，主管部门专门设计了一门“知识”的考试。考试内容为：测试未来的出租车司机需要知道大概2.6万条道路，需要记忆包含伦敦大本钟、白金汉宫在内的地标性建筑18.6万个。

这是一项不可能完成的任务吗？

实际上，考试过程是这样精心设计的过程：考官会说出一组出发地和目的地，考生必须靠记忆描述出每一个转向和地标；考生通过这次测试后，隔几周再参加其他路段的测试。

整个考试持续一年多时间。

试想一名未来的出租车司机，要求他一次性记住所有街道和地标，这样的高难度必然会打倒任何一个人，甚至任何一个人都会放弃。

伦敦大学神经学研究所的研究员对参加出租车司机考试的参加者进行了专门研究，发现：借助核磁共振成像发现，当司机们开始准备“知识”考题时，他们大脑中的海马体会逐渐发展长大，随之他们也变成了更有经验的司机。

海马体负责指引方向，随着出租车司机在脑海中构建了城市地图，他们的大脑同时对这些地图进行了存储。

两次考试相差较长的时间使得大脑能处理任务，而不是被压垮。

正如专家所言：“知识就像一壶水，大脑就是一个杯子。你慢慢倒水壶的水，你就不会有所损失。”

我们在完成难度较大的任务时，也可以参考这样的考试方法。分解目标，积小胜为大胜，增加完成目标的自信。

如果我们要参加马拉松，一开始上肯定不行，最好的方式是从短一点距离开始，一点一点增加跑步的距离。

如果一开始就跑几十公里，累坏了也是很有可能。

还可以建立“小目标＋小奖励”这样的机制，每完成一个小的目标，就给自己一个奖赏，形成正向反馈机制。

用逻辑树等工具配合分解目标

具体实操层面，我们可以用逻辑树等工具来配合我们分解目标。

逻辑树把一个已知问题当成树干，然后开始考虑这个问题和哪些相关问题或者子任务有关。每想到一点，就给这个问题（也就是树干）加一个“树枝”，并标明这个“树枝”代表什么问题。一个大的“树枝”上还可以有小的“树枝”，以此类推，找出问题的所有相关联项目。

逻辑树主要可以帮助我们理清自己的思路，不进行重复和无关的思考。逻辑树能保证解决问题的过程的完整性；它能将工作细分为一些利于操作的部分；确定各部分的优先顺序；明确地把责任落实到个人。

接下来，我以一个经典面试考题的案例——芝加哥有多少钢琴调音师，来具体示范如何运用这个工具：

首先，用逻辑树分解问题。我们可以把大问题分解为四个子问题：

1）钢琴需要多久进行一次调音？

2）为一台钢琴进行调音需要多长时间？

3）芝加哥有多少架钢琴？

4）一位钢琴调音师一年平均工作多少小时？

为什么要这样分解，主要考虑：1）、2）、3）相乘就能够弄清楚每年芝加哥所有的钢琴需要多少时间进行调音。

用这个数字除以4）每位调音师每年工作的时间，就得到了调音师的数量。这些问题我们可能一下子也回答不出来，但是我们可以进行相对合理的假设。

以上的分解在麦肯锡被称为议题树。

其次，进行合理的假设。

假设1：每架钢琴平均每年进行调音的次数。

一台钢琴不会每十年才调一次音，也不会一年调十次音。一年一次看起来是一个合理的猜测。

假设2：为一台钢琴调音需要两个小时。

这是猜的，或许是一小时，但是两小时在合理的量级范围之内。

假设3：估算芝加哥所有钢琴的数量，假设每100人就有一台钢琴。

除此之外，还有学校和其他单位购买了钢琴，其中许多都有多架钢琴。这样估计起来就有点难度了，但是把这个因素考虑在内，假设每100人有两台钢琴。

关于芝加哥有多少人数，这个数据相对比较容易得到，可以通过网络搜索或者其他公开途径得到，即使没有公开数据，通过城市规模和量级我们也可以进行合理的假设。

假设芝加哥有250万人口，按照前面假设2%的比例，这样结果就是5万台钢琴。

假设4：一位钢琴调音师每年平均工作多少小时。

我们假设一周工作40小时，调音师每年有两个星期去度假：40小时/周×50周=2000小时/年。另外，钢琴调音师的工作需要花时间在路上——没有人会把钢琴搬来搬去——所以调音师大约15%的时间用在交通上面。我们需要在最后的结果中把这部分去掉。

以上的假设对在麦肯锡被称为假设树。

最后，求解。

通过计算，我们可以得出芝加哥大约有58位钢琴调音师。据了解，这个通过假设得出的结果和实际情况是非常接近的。

逻辑树图例如下：

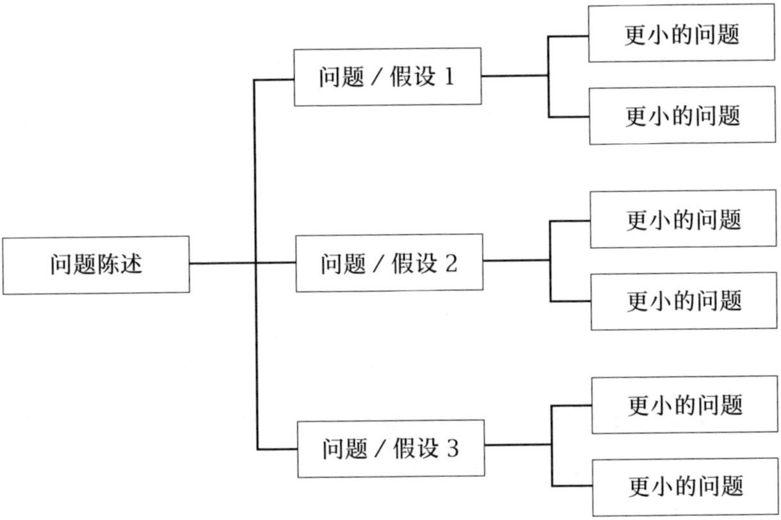

这种解决问题的方式运用范围极其广泛，比如在政策制定时，在做预算时，在做一揽子方案测算需要多少资金支持时，在做改革估算成本时，在做新产品收益测算时等都可以分解问题。

我们可以将大的目标分解为小的目标或问题点，并假设不同变量，进行合理估算，为我们的决策提供依据。

三　分析及发现通往目标的障碍

制定好目标，分解成任务，并落实到人，但不可避免的还是会出现这样那样的问题，甚至是危机。这个时候我们如何看待、如何应对对目标的完成有至关重要的影响。

正确认识困难、困境

分析及发现通往目标的障碍，首先得正确认识困难、困境。可口可乐公司前总裁古滋·维塔先生是古巴人，40年前随全家人匆匆逃离古巴，来到美国，身上只带了40美金和100张可口可乐的股票。他在40年后竟然能够领导这家公司在他退休时股票增长了7倍，整个可口可乐价值增长了30倍。他在总结自己成功历程时讲了这样一句话："一个人即使走到了绝境，只要你有坚定的信念，抱着必胜的决心，你仍然还有成功的可能。"

南非前总统曼德拉，曾有被当局囚禁达27年之久的"光辉岁月"；印度圣雄甘地屡战屡败依然坚持领导"非暴力不合作运动"；昂山素季失去自由20年却从未放弃缅甸民主的理想。

作家三毛说过，苦难对我们，成了一种功课，一种教育，你好好地利用了这苦难，就是聪明。梁启超先生说："患难困苦，是磨炼人格之最高学校。"

将失败看成过程，而不是最终结果

佐藤大在他所著《用设计解决问题》一书中提到这样的事。

他关注到一种为数不多就算输了也不会流一滴眼泪的棒球少年。目前活跃于美国职业棒球甲级联赛的Yu Darvish投手就是其中一位。在2014年一场重要比赛第三场中，球队因为恶劣天气和队友的失误而落败，但Yu Darvish独自一人坚持到了最后，最终被三振出局。令人意外的是，我们看到的，竟然是他舒展的笑容。

佐藤大接着举了一个日本棒球界主投手田中将大的例子。田中将大曾经在一次和早稻田实业学校的决赛中落败。当时他也是坚持到成为最后一位投手三振出局的。

比赛结束后，不仅没有看到他流眼泪，反而感觉到他一副毫不在意、泰然自若的样子，他甚至面带微笑地退了场。

在佐藤大看来，只有在高中棒球比赛中不为失败而哭泣的选手才可能在未来大有成就。

这两位棒球少年为什么失败了一点也不难过，因为他们有更高的梦想、更高的目标，高中三年的夏季不会是一生中棒球生涯的“巅峰”，而只是小小的驿站。

棒球少年因为有了更高的目标，才不会纠结于当下。

日本作家村上春树也是一位跑步达人，他分享他的经验时提到：“一开始，跑上20分钟我就会喘不上气，心脏咚咚地猛跳不止，两腿也开始发抖。甚至只要有人看我跑步我都会觉得不自在。但是当把跑步当成像刷牙一样的必做之事来每天坚持，我的进步就非常快。过了不到一年时间，就跑了个人的第一次马拉松，不过是非正式的。”

实际上，村上春树和我们在朋友圈里经常看到喜欢跑步的朋友们也没什么不同，刚开始不行是很正常的，所以有些挫折感也很正常，这个时候要像前文的棒球少年一样以平常心对待，坚持下去而不懈怠，收获也就不请自来。

电影《百鸟朝凤》中的主角游天鸣用芦苇在河里吸水的场景，

相信看过这部电影的人都会印象深刻。

刚开始游天鸣压根吸不上来，他也曾想过放弃，但他想到学唢呐吹百鸟朝凤的目标就坚持下来了，即使是下着大暴雨也在河边日复一日地吸，雷打不动地坚持，有一天突然发现自己能吸上来了。

总结一下。我们首先得有一个挑战性目标，其次不局限于当下，学会分解目标，然后持之以恒，假以时日，成功不请自来。

为人所理解是一种责任

彼得·德鲁克在《卓有成效的管理者》中指出，知识分子有责任尽力做到让别人理解你。如果简单地认为外行努力去理解内行，或是专家与专家之间能够相互理解就足够的话，那只能说是一种无知的傲慢。

除非一些非常个别的岗位，可以完全让自我发挥效能，与他人合作是一项非常重要的技能。良好合作的前提，正如德鲁克所说“知识分子，有责任尽力做到让别人理解你”，而不仅仅把责任或义务推给对方。

接纳的前提是理解，一方面是自己要主动了解、理解他人，另一方要推动他人来了解、理解自我。这也是减轻执行过程中障碍的一种很好的预防措施。

分析障碍，坦然处之

前面分析了较多理念层面的内容。在执行目标过程中，如果发现一些障碍，就需要我们实实在在地行动。

找准问题所在，不同的问题意味着不同的解决方案。如果问题是别人误解而抵制，那就加强沟通，就像前面所说为人理解是一种责任；如果是自己专业技能不足，那就加强学习，或者寻求他人的帮助或指导；如果你是团队负责人，因为某个成员能力不足，你选择培训他，也可以找人替代他……

如何分析问题，可以参考本书第二章第五节。

四　用清单协助落地执行，减少36%无能之错

我们常常会犯两类错误：第一类错误是“无知之错”，我们犯错是因为没有掌握相关知识，科学只让我们部分理解了世界的运行规律；第二类错误是“无能之错”，我们犯错并非因为没有掌握相关知识，而是因为没有正确使用这些知识。

前者可以被原谅，后者不应该被原谅。如果解决某些问题的最佳方法还没有找到，那么只要我们尽力了，无论结果如何，我们都能接受。

但是，如果人们明明知道该怎么做，但却没有做到，那就是“无能之错”，比如输液错误就是典型的“无能之错”。

为此，外科医生出身的阿图·葛文德写了《清单革命》这本书提醒我们重视清单管理。阿图·葛文德提到在过去数年间针对律师失误的诉讼案件数量增长了36%，有的律师搞错了开庭时间，有的把卷宗搞丢了，有的则用错了法律条款；要挽救一个患者的生命，需要数十位医护人员正确实施数千个治疗步骤，任何一个步骤的疏忽都可能置人于死地；建造一栋大楼需要联合16个领域的专家，不

同的专家可能做出相互冲突的决定，一旦做出错误决策建筑早晚会倒塌。

学会使用清单，就是为大脑搭建起一张“认知防护网”，它能够弥补人类与生俱来的认知缺陷，如记忆不完整或注意力不集中。要知道一个人每天要产生6万多个念头，所以单纯依靠记忆力有多不靠谱。

电影《天空之眼》中，操纵无人机的两位军人，其中一位男性中尉，只做过一年天眼，而另一位女性经验更少，二人均是第一次发射代号为“欲火”的导弹，而他们的上级居然轻松恭喜今天是他们的幸运日。

上级为何如此放心?

答案除了模拟训练以外，“清单”发挥了非常重要作用。片中提到了发射准备的“34项清单”，只要按照这个清单检查、准备，基本可确保发射的成功。

除此之外，清单还有助提升我们的效率。人的内存有限，为确保在任何危急的情况下有高水平表现，需要用清单为复杂任务降维，让大脑专注于更重要的事，方便我们更有效率地工作。

《清单革命》书中举一个有关投资的案例让人印象深刻，每50次检查中可能49次一无所获，但就是一次发现却能让你避免重大损失：

> 一位叫库克的投资家，也制作清单，但他做得更加细致，他会将投资过程中的各个阶段可能出现的问题分别罗列出来，并将过程分为研究阶段、决策阶段、执行阶段及交易完成后的问题检测阶段。比如他有一张第三日清单，当对一家公司的分

析进入第三天的时候，他会用这家公司进行检查。这个检查点到来之前，他们应该已经完成对这家公司过去10年财务报表的分析。库克为报表上的每个项目以及不同报表的关联项都制定了详细的检查项。他认为在一张财务报表上做假并不难，但是要用各类报表把谎话给编圆了就没那么容易了。

在库克的第三日检查清单里有一项：研究人员必须仔细阅读公司披露的重要股权变更信息，正是这个清单帮助他发现一家看似非常有前途的公司，公司高层也一直吹嘘公司的前景，但事实上高层已经把自己的股份全卖了，从而避免了一次重大的投资损失。

库克的案例还没有结束，库克也将清单用于投资具体决策，用清单前他们需要花费一个月才会觉得对一家公司进行投资。使用清单后，他和他的团队发现，他们完全可以在执行第三日清单完毕后的就做出这一决定。

五 用沟通协助落地执行，提升50%的效率

沟通的重要性可以用一句话来衡量——很多工作如果没有沟通，效果就是0。

因为不善于“对话”，损失的不仅仅是感情，还有可能是金钱、工作，甚至是整个人生。

因而，我不但这一节会谈沟通，在第五章里还会重点谈沟通的进阶之路。

对冲基金公司桥水创始人瑞·达利欧在其畅销书《原则》中提

到“分歧不是沟通不良造成的，相反，我们不同的思维方式导致了沟通不良”。

解决沟通问题，要先解决认知问题。首先，我们要从战略层面，而不仅仅是战术层面重视沟通对推动目标实现的重要性，不能自说自话，要通过沟通、协调人和事的滚动发展。发挥团队的力量，形成合力，也离不开内部沟通这样的润滑剂。

尼克松被人铭记很大程度是因为推动了中美建交，正如基辛格博士说的：“尼克松做得最好的一点是，在我们最初举行的会谈中，我们没有谈论我们双方之间的差异，而是谈论我们的目标，看这些目标是否可以能够和谐。”

人和人之间的关系也一样，我们需要尊重其他人对同一件事情的不同看法，毕竟大家成长背景及人生观不一样。

下面我们主要谈谈沟通的一些基本要素，主要包括准备工作、主体平等性、先处理情绪后处理问题、沟通目标等。

（1）沟通的准备工作——知己知彼

擅长沟通的朋友一方面会重视对方的基本情况，甚至事先会做一些研究；另一方面，对沟通的目标及相关情况也会做一些了解，在一些重要的工作汇报上，这方面工作是否充分往往决定最终的结果。正如孔子说的“不患人之不己知，患不知人也”，意思是不要担心别人不了解自己，只担心自己不了解别人。

我们要知道根据沟通对象的不同而采取不同的策略，比如对中年人和年轻人沟通方式应该有所区别，年轻人轻易接受的观点而中年人会认为不靠谱，相反的情况也很多。

沟通要根据情境采取不同的沟通策略，不能固化、僵化，要根据不同情况、不同阶段、不同对象适度区分。

最后，我们多花心思了解他人的情况，进而能够更多理解他人的想法和具体处境，客观上也会有助于减少一些误会。

（2）沟通的主体平等性

实际沟通过程中，因为我们代表公司，或者上级，或者甲方……也就是处于强势的一方。因为居于此地位，所以容易犯的错误就是盛气凌人，不尊重沟通对象。

习惯用命令式口吻对话，往往容易激怒对方。更为恶劣的是，强势的一方还会采取威胁的言论。

另外，一些盲目引入第三方参与沟通的方式也并不可取，不仅不利于解决问题，反而容易激发矛盾。

（3）先处理情绪，后处理问题

沟通前先要观察、洞悉到对方的情绪状态，如果不是很急且重要的事情，如果对方情绪不佳，改天沟通也是有必要的。

我们做营销时，一定要先解决掉客户的情绪问题，才有可能拿到单子，否则很大可能是做无用功。

（4）沟通的重点在目标，不要放在"你对我错"上

沟通的重点要放在实现沟通目标上，尽量求同存异。

然而，实际情况是，强势的一方，沟通中比较容易犯下的错误是并不是为了解决问题，而是论证自己的观点或者立场是多么正确。

不可否认，有些原则性问题是不应该轻易妥协的，但不要因此忘记了沟通的核心目标。

另外沟通的核心内容要适度强调，以免对方忘记或者没有充分理解意图。切记不要自以为是，认为我说过了，对方一定会知道。

即使做到以上几点，在实际沟通过程中还是会出现一些状况，这并不意外。但是，如果我们沟通工作做得好，就像标题所说的，

“减少50%的障碍，提升50%的效率”的效果是容易达到的。

有人说，所有的误会都是沟通不畅引起的，虽然有点夸张，但是用这个来说明沟通的重要性，我认为是比较贴切的。

六　从C到A级的执行变现突围之路

一项工作如果我们能非常出色地去完成，可以“出活”，当然是很值得自豪的事情，但这里面有三个问题：

1）所谓干得好的标准是什么；

2）干得好是你自己以为干得好，别人也这么认为吗？

3）这项所谓干得好的工作，他人有收益吗？

干得好的标准是什么？

管理大师彼得·德鲁克认为衡量业绩的标准应该是成果。企业必须始终把经济绩效放在首位，而且在每一项行动与决策中都要以经济绩效作为出发点。

因而，对于销售这样有清晰量化任务的部门或者岗位而言，干得好的标准是相对容易量化的，也是容易评估的；而对于一些很难量化考核的部门、岗位如职能部门而言，所谓的成果是很难量化的，因而带有很大的主观性。

一般而言，董事会衡量CEO业绩最重要的指标之一是公司利润金额，而商场卖鞋的营业员的标准就是个人销售额。

但仅仅于此是不够的，举一个案例。

我的一个做销售的朋友张辉从同行业A公司空降到另外一家B公司做副总的时候，“投名状”就是会带一个销售额数百万元的单子。

但是，没过多久他就面临了职场上最大的危机。事情是因为他在业务时间和竞争对手的高层也是自己的老朋友见面吃饭了，被别人抓住了所谓的“把柄”。

张辉认为自己没有错，问心无愧。他认为自己口碑很好，也有职业操守，因此跟老朋友也是竞争对手高层私下见面没有任何问题。

这个事情的处理，凸显了他风险管理意识是不足的，他也因此轻易被嫉妒他的人陷害。

张辉没有站在客户的立场上，也没有站在公司的立场上考虑、处理问题，等于主动给借口让老板狠狠地误会、误解自己。

一般我们可以将段位做如下区分：

段位1是用业绩说话，用人品、口碑说话，如果这两方面到位后，对方应该信任他；

段位2是除了用业绩说话，用人品、口碑说话外，还需要通过言语，通过行动表达对公司、对上级、对客户的忠诚；

段位3是除了段位2的标准，还要从行为上避免给客户、上级、公司添麻烦，不给任何容易导致对方误会自己的机会。因为一旦别人对自己有误解，需要花很大工夫去解释，甚至在严重的情况下解释也不会有任何作用。

在职场上“混”，有可以量化的优异业绩是远远不够的。比如，我的一个同学袁超，在一家外资IT软件公司做销售总监，中国区多年第一，但是当换了一个新总裁后，没多久他却被动离职了。

不是每个公司、每位上级都按照德鲁克的观点来衡量下级，只要是人做评价确认，就会带有主观性。

干得好是你自己以为干得好，别人也这么认为吗？

即使业绩可以被量化，这个量化的背后也大有学问。比如说这个业绩的结构是否合理，业绩的背后是不是给公司带来了很大的潜在风险，这个业绩是短期的还是可持续的……

如果上述我列举的任何一个因素不理想，你这个业绩就要大打折扣。更可怕的是，所谓的干得好只是你的一厢情愿。

如果上级、公司觉得换掉你，别人可以轻易达到你的高度，你怎么办？

我的一位朋友就是这样被换掉的，年年达标，年年先进，但是有一天突然发现自己的岗位没有了，因为公司从外部引进了一个人替代了他。

我们要清楚：客户是怎么评价你的，上级、公司是怎么看待你所谓的“高业绩”的。这都需要你去沟通，去了解。

这项所谓干得好的工作，他人有收益吗？

这也是我们常常会忽略的问题。古人说，独乐乐不如众乐乐。一个人的狂欢注定不能长久，因为我们所谓的高绩效离不开他人的支持和帮助。

如果你不能意识到这点，吃独食，也就很容易引起他人的不满甚至报复。

聪明的人会厘清权利和义务，明白收益和责任要相对等，包括对自己也包括对他人。更高的格局也知道成就自己的同时也要成就他人。你去看看做大做强的公司，有几家公司的老板不是这样？或者你去看看身边做到相对比较高职位的同事、朋友，是不是很多也是这样的？

他们深知：成就自己的同时不能寒了同行者的心。要做好这一点，就需要我们通过语言和行动去沟通、去落地。

七 善用复盘方法论，既是结束，也是开始

我们这一章开头重点谈了目标和计划，复盘就是要对照这些目标和计划以及执行完成情况进行比对，查漏补缺，找出差距，评估得失。复盘是这7个路径的最后一个环节，也是非常重要的一个部分。

就复盘的角度而言，我们不但要找外部原因，也要找内部原因；不但从他人身上找原因，更要从自己身上找原因。

复盘可以同我们在本书第二章谈到的方法论PDCA循环配合使用。

复盘的缘起

我们要做的各种日、周、月度、季度、半年、年总结，其实就是一种复盘。这是很多人将此作为程序化的东西，流于表面形式。

看过《索罗斯传》的人会知道，索罗斯有交易每日复盘的习惯。在交易圈子里，这些年有类似做法的交易员越来越多。

实际上，有所成就的人，我敢说绝大部分都善于“复盘”，不管有没有“复盘”这个概念，因为按照目标和实际结果对比，以及善于总结自己的成败得失是他们之所以取得这样成就的“因”，而不是“果”。中国古代皇帝如汉武帝、崇祯皇帝发的“罪己诏”，某种程度也是对自己人生的一种复盘。

复盘原是围棋术语，本意是对弈者下完一盘棋之后，重新在棋盘上把对弈过程摆一遍，看看哪些地方下得好，哪些地方下得不好等。

陈中所著的《复盘》一书提出“复盘”是联想创始人柳传志在企业管理提出的一个概念。

这本书由拉卡拉创始人孙陶然作序，他认为他的成就一半源于天资，一半即源于复盘。他认为人学习有三种途径，一种是自书本上学前人的知识，一种是自身边的人身上学其先进，一种是向自己过去的经验和教训学习。

其中最重要的途径是向自己学习。向自己学习的最佳办法就是复盘。

孙陶然在自己的学习和工作中，把复盘总结了四个步骤，即目标—结果、情景再现、得失分析和规律总结。首先，对照起初的目标看结果有没有达到，差距在哪里。其次，不管有没有达到，把要复盘的项目进行回顾和阶段划分。再次，针对每个阶段总结得失，对事也对人，找出问题找出原因。最后，从中总结出规律性东西，作为知识和技能掌握下来，以期再次遇到同类问题时知道如何处理并不再犯同类错误。

如何复盘

《复盘》这本书提出的方法论是PDF环。P代表Preview，指沙盘；D代表Do，指做的过程；F代表FuPan，指复盘。联想的创始人柳传志分享道："联想有一种称为复盘的学习方式：做一件事情，失败或成功，重新演练一遍。大到战略，小到具体问题，原来目标是什么，当时怎么做，边界条件是什么，回过头做完了看，做得正确不正确，边界条件是否有变化，要重新演练一遍。我觉得这是提高自己非常重要的一种方式。"

通俗地说，对过去的成功或失败要进行反思和总结。犯过的错不要再犯，成功的经验要善于复制。

复盘要避免的误区——知识、能力、经验并不普遍适用。

无论是对自己过往的复盘，还是参考他人的复盘案例或者经验，有一点要提醒大家重视，不要过于迷信过去发生的事情未来也一定发生；在外面的土壤可以，在你的土壤却不一定行。知识、能力和经验的迁移比大家想象的要难。

罗尔夫·多贝里在所著《为什么我们的知识不能延伸》一书中提到，马柯维茨因提出"现代资产组合理论"而获得了1990年的诺贝尔经济学奖。其中他描述了有关投资的最优组合，需要在考虑风险和收益前景的前提下。而当马柯维茨面对自己的投资——也就是如何将自己的积蓄在股票和债券之间如何分配时，他只是对半分了，一半股票，一半债券。

即使诺贝尔奖获得者也不能将自己绞尽脑汁想出的方法用在私人事务上，并不是这样的组合理论没有意义，而是在一种情境下有意义，另外一种情境下无意义。

条件变了，结果变得不再可控。

在罗尔夫·多贝里看来，他认识的一些CEO，在公司都是独具魅力的管理者，但在家庭生活中却做不到这一点。

几乎没有一种职业比我们健康的预言家——医生，有更高比例的吸烟者，职业的秩序守护者——警察，在家庭中的暴力行为比非警察人员高一倍。

我们职场上养成良好的习惯在私人生活却用不上，而有些在职场上表现不佳的人在私人生活中却表现很好。

情境变了，意味着很多东西随之改变。很多人可能会碰到，一些极端行为只会在极端的环境下发生。著名的斯坦福监狱实验，是社会心理学史上最具争议的研究之一。

一共有70名来自美国各地的学生申请参与这个为期两周的实验，他们绝大多数是在斯坦福大学和加州伯克莱大学参加夏季课程的学生。24名学生通过了测试，学生以随机的方式被分成了两组角色：其中9名学生担任监狱中的“囚犯”和9名学生则以三人一组轮班担任“看守”的角色，余下的6名则作为实验候补。

为了实验更真实地模拟现实，担任“囚犯”的学生身份以数字代替，每个人都穿上犯人的衣服，戴上脚镣和手铐，有些学生是在家里被逮捕的，被铐上手铐，戴上牛皮纸头套，而执行逮捕行为的是同意与津巴多合作进行实验的加州警方，面对呼啸而去的警方，不明就里的邻里大为惊讶；而担任“看守”角色的学生则是穿着警服，戴上黑色的墨镜以增加权威感，在囚犯进牢时，按照监狱的正式程序对犯人进行裸体的搜身，他们拥有一切真实狱警所拥有的权力。而自愿参加实验的学生们则被告知实验过程中，他们所拥有的部分人权可能被侵犯。

一切如此真实，为的是让双方可以真正进入预置的角色。津巴多的模拟监狱应该不会发生什么骇人听闻的事情，毕竟这批所谓的看守和囚犯都是通过心理测试证明是“正常的、心理健康的”好人。

然而，根据实验进展，研究最初的24小时内，在几乎没有得到指令的情况下，看守们便开始对囚犯进行肉体和心理上的虐待。囚犯变得逆来顺受，丧失自我感，没有只言片语的反抗。实验中出现的行为如此极端，导致本计划持续两周的实验，在仅仅六天之后便被终止。

这一实验可供思考、讨论的地方非常多，这里提出一点，就是情境对人的影响是非常巨大的。

在一些极端的环境中，个人要想突围是非常之难的。为什么很多人非常喜欢电影《肖申克的救赎》，因为主角安迪——有的人的羽翼是如此光辉，即使世界上最黑暗的牢狱，也无法长久地将他围困！

我举斯坦福监狱实验的例子并不是为了说明环境决定一切，出身决定一切，否则所谓的努力将变得毫无意义。

我举这样相对极端的例子是为了说明所谓的知识、能力和经验并不是普遍适用的，我们职场精英人士喜欢“复盘”，但我们真的学会了正确地复盘了吗？

很多人的复盘是从结果倒退过去，然后盘点出所谓的正确模式。

我不是认为这样的方式不对，但我们往往忽略的是那些具体的情境，所谓的结果往往是在特定情境下、特定行为下的后果。我们的能力和经验只是在特定情境、行为下的产物。

复盘如果到不了这一步，意义不会太大。

这也是很多人看起来很有能力和经验，换了一个环境，马上就歇菜了的原因。所以，我会特别强调软能力的培养，比如沟通能力、合作、情商这样的通用能力，无论是在职场还是在生活中都需要。当然，这些能力在不同情境中的运用还是有差异的，这是前提。

第四章

超强自我管理：从认知到行动的自我打造策略

除了就事论事，要想持久开展事业，耐力也很重要，需要我们不断精进自我。善用一些性格测试工具了解自我及他人，无疑是打持久战的好方法。另外，讲诚信，懂自律，常反思，善输入，会解压，学不停……这些超强的自我管理策略，可以让你实现从 1 到 N 的完美质变。

一　善用SWOT、MBTI等工具，了解自我及他人

最近这几年，管理学界流行说木桶原理过时了。很多人想想也对，不是都说要扬长避短吗？（我在前面的章节也提到扬长避短的重要性。）

然而，这并不说我们无视自己的短板。

我的看法是从自己的弱点下手，因为大部分人的优势并不突出，根本到不了扬长避短的地步。而往往是自己的短板牵制了自我认知的进化。所以，了解自己的缺点是很有必要的。这里，推荐一个自我分析的工具——SWOT。

SWOT分析20世纪80年代初由美国旧金山大学的管理学教授韦里克提出，经常被用于企业战略制定、竞争对手分析等方面，但完全可以用在自我评估方面：

Strength 优势 你有优势的领域，或一些独特的可利用的资源	Weakness 弱点 与目标、所承担职责差距的地方
Opportunity 机会 你可以利用的可能性，可以帮助你实现目标	Threat 威胁 与你实现目标或履行职责相差距地方

我在网络上找到一个广告经理的示例，供大家参考：

优势

● 我很有创意，我经常以对品牌的视角给客户留下深刻的印象；

● 我和我的客户和团队沟通得很好；

● 我有能力提出关键问题，找到正确的营销角度；

● 我完全致力于客户品牌的成功。

弱点

● 我急切想把各项工作从我的“待办事项”清单中删除，有时我的工作质量受到影响；

● 当我有太多的任务时，会导致我压力很大；

● 向客户介绍想法时，我会感到紧张，而这种对公众演讲的恐惧往往会使我的演讲失去激情。

机会

● 我们的主要竞争对手之一，以对待小客户服务差而出名；

● 我计划下个月参加一个重要的营销会议，这个会议是一个很好的培训，同行交流的研讨会；

● 我们的市场总监要离职了。在她离开的时候，对我来说是一个很好的工作扩大化或者升职的发展机会。

威胁

● 我的一个同事安迪比我有更强的演讲能力，他会和我竞争市场总监职位；

● 由于最近员工短缺，我经常工作过度，这对我的创造力有负面影响；

● 目前的经济环境导致营销行业增长缓慢，许多公司已经裁员，而我们公司正在考虑进一步削减。

用这个自我分析工具，我认为重点应该放在缺点和机会方面，尤其缺点，要敢于对自己下刀。这方面的评估可以借助MBTI、DISC、360测评、领导力测评，或者其他测评工具的评价结果。他人提出的反馈比自我感知的要准确一些。

仅仅将SWOT表格填满是远远不够的，针对这些缺点、机会、威胁，需要写出我们下一步的行动方案。再给大家推荐一个表格，我还是以广告经理为示范使用：

问题点	优先级（1~5分）	下一步行动方案 / 实施时间
● 演讲、销售技能不足	5	● 参加专业的演讲、销售培训（当月实施）； ● 向同行前辈请教（不少于 3 人，1.5 个月内实施完毕）； ● 观看伟大演讲者的视频如乔布斯（每周至少观看 2 次，坚持 3 个月）； ● 购买演讲、销售相关书籍不少于 5 本（本周内下单，3 个月内阅读完毕）； ● 自我演讲训练，对着镜子（每周不少于 1 次） ……
● 急切想把各项工作从我的“待办事项”清单中删除，有时我的工作质量受到影响	4	● 增强工作计划性，通过前期更好的计划减少重要且紧迫工作的量； ● 重要但不紧急的工作更早开始启动，细工、慢工出好活； ● 调整心态，具体方法参考本章第六节； ……
● 同时开展多重任务压力很大	3	● 增强工作计划性，通过前期更好的计划减少临时性工作发生的可能性，减少同时多重任务的可能性； ● 培养下属，将一些工作授权给下属，自己主要负责审核； ……

接下来，给大家推荐一个性格测评工具，就是MBTI，和这几年比较流行的DISC类似，但前者有16种分类，后者是4种分类。

MBTI的全名是Myers-Briggs Type Indicator，是美国心理学家凯恩琳 · 布里格斯和她的女儿伊莎贝尔 · 布里格斯 · 迈尔斯制定的。这是一种性格评估理论模型，用以衡量和描述人们在获取信息、做出决策、对待生活等方面的心理活动规律和性格类型。

MBTI把性格分为四个维度，每个维度上包含相互对立的两种偏好：

E 外向	or	I 内向
S 感觉	or	N 直觉
T 思考	or	F 情感
J 判断	or	P 感知

- “外向E——内向I”代表着各人不同的精力来源；
- “感觉S—直觉N”“思考T—情感F”分别表示人们在进行感知和判断时不同的用脑偏好；
- “判断J—感知P”表明我们如何适应外部环境——在我们适应外部环境的活动中，究竟是感知还是判断发挥了主导作用。

四个维度上特定偏好的组合就构成一种特定的性格，如ISTJ代表“内向—感觉—思考—判断”型性格，ENFP则代表“外向—直觉—情感—感知”型性格。一共有16种分类：

ISTJ（会计、房地产经纪人、数据库管理、侦探）	ISFJ（内科医生、图书或档案管理员、特殊教育教师）	INFJ（室内装潢设计师、作家、心理咨询师、建筑设计师、培训师）	INTJ（设计工程师、建筑师、精神分析师、媒体策划、网络管理员）
ISTP（警察、计算机程序员、消防员）	ISFP（厨师、客户服务、护士、旅游管理、室内装潢设计师）	INFP（人力资源管理、翻译、大学老师、心理学家、社会工作者）	INTP（软件设计师、风险投资家、法律仲裁人、音乐家、大学老师）
ESTP（企业家、股票经纪人、房地产开发商、土木工程师）	ESFP（公关专员、销售、幼教老师、演员）	ENFP（演员、人类资源管理、平面设计师、广告客户管理、管理咨询顾问、心理学家）	ENTP（企业家、投资银行家、主持人、演员、广告创意总监、文案专员）
ESTJ（预算分析师、CEO、军官、房地产经纪人、工商类老师）	ESFJ（护士、运动教练、零售商、房地产经纪人）	ENFJ（培训师、人类资源管理、作家、社会工作者、杂志编辑）	ENTJ（法官、CEO、政治家、管理咨询顾问、房地产开发商）

每一种性格类型都具有独特的行为表现和价值取向，这个测试也有对应适合的岗位可以对照（表格内括号里的岗位为部分参考职位），被很多500强公司用于人才招聘和岗位的匹配等诸多方面。

二 通人性善恶，做信用的玫瑰

2017年冬天的一个晚上，我和几个朋友一起涮羊肉火锅，很是开心。更开心的是，其中一位朋友杨超创业小有所成。

朋友从职业经理人转型成为创业者，短短几个月就取得很不错的成绩。我一直在思考是因为什么。后来，我想通了。

因为我特意问了朋友一个问题，就是他的公司新客户的三次以上的合作率怎么样？

朋友说蛮高的，没有具体算过，但是毛估应该远远高于同行吧。

我暗暗叫好，我想我找到答案了。

同一个客户，拿下一单不奇怪；拿下两单，有点水平；拿下三单变成长期客户，那就是人品过硬。

朋友就是这样一个靠谱的人，会说豪言壮语的人太多太多，但是有多少人重信用、讲承诺呢？

很多人人前说得天花乱坠，兄弟长兄弟短，利益面前，却将“信用”看得比什么都轻，所以哪里来的第二单，第三单……

现代金融体系就是建立在信用基础之上的产物，比如在英国，以国王的信用为基础，向英格兰银行举债，开启了一个全新的金融时代。

信用的力量很强，有了它，我们可以无本生利；反之，一旦我们丢弃了它，要想弥补，代价会很大。

因此，我们会给高信用等级的组织和个人很多溢美；反之，我们给低信用等级的组织和个人很多偏见。

这是完全合理的，也是风险管理的题中之义。你不爱惜羽毛，你就应该承受代价。

写到这里，我完全明白了朋友事业可以做得很好的秘诀，就是靠一个“信”字，看起来简单，做到却很难。

因为很多人抵挡不住短期不讲诚信带来的所谓利益。这就是“信用”的悖论，你准备好了吗？

时代的标签在变，人性没变

我有一个同学出身富裕家庭，他爸爸在浙江开了一家工厂，以外贸单子为主。同学五年前回到家乡接班。

最近他频频向我吐苦水，主要是用人问题。一方面，招聘不到操作工；另一方面，花了很大力气、开出远高于同行工资的外贸工作，岗位责任人一年后竟然辞职了。

他问我怎么办，我先问他怎么看。

他的判断是现在的年轻人压根就不愿意进工厂，即使不累的操作岗位也不愿意考虑，也不愿意学。

都想快速赚大钱。

他尤其不能理解自己培养的外贸员，他自认为开出了性价比很高的工资，可是23岁的她依然一声不响就辞职了。

他最后总结：这个社会太浮躁！

我最近也接触大量的“95后”，发现他们普遍独立、自信，有自己的想法，敢于说“不”，没有那么多委婉。

想起前一段时间我主持了一场活动，请了一名资深专家老师给大家授课，课后总结的时候我说经过向老师争取，大家可以加一下老师的微信，大家以后有问题也可以多请教。

结果，下面不少人压根不给面子，直接说我们可以在群里直接加（我忘记了群里也有这位老师）。

好在我反应还算快，说大家上了这么长时间的课脑子还这么清醒，那就请大家直接在群里加吧。

这就是现在年轻人的特点，没有那么多顾忌。

我记得前几年有一个年轻人很火，他就是超级课程表的“90后”CEO余佳文同学，他2014年在央视《青年中国说》的演讲流传颇广。

当时余佳文同学的爆火主要有两个原因：一是声称拿了阿里千万美元融资，二是说要明年（2015年）拿一个亿出来分给员工。

他还声称要颠覆传统的模式，比如提出员工工资自己开。

当时就有很多人质疑，并浏览过去余佳文的所有访谈，每当余佳文被媒体询问到“商业模式”“盈利情况”之类的问题，他总会变相绕过问题……

他兑现承诺1亿了吗？

当然没有！

两年后，他接受媒体采访，也承认自己当年就像跳梁小丑。

我在本书也多次提到，这是速度更重要的时代，技术改变了竞争的最核心的要素，很多在工业时代的“套路”是过时了，但是不代表所有的都OUT了。

如管理的范式只是在进化，并没有根本性的变化。大部分的商业模型依然有效，法律、会计准则只是根据社会环境的变化在微调，也没有根本性的变化……另外，现在已经到了线上获客成本甚至高于线下成本的新竞争态势了。

不可否认的是，事物发生改变的速度已经大大改变了，西方以前需要上百年走过的路，中国只十几年甚至几年就走完了。

在这样的情况下，我们会有一种“只争朝夕”的错觉。这样的错觉加快了繁荣，也加剧了泡沫的产生，就像有PE抱怨好的企业已经被过度投资了，这在以前是不可想象的，市场缺的不是钱，而是一个好的商业模式。因而，一旦好的机会发生，“过度投入”将会出现。

这些“加速度”的变化，让我们超速运转，同时信息流转的便利，加剧了焦虑。而对于“90后”——尤其是“95后”——而言，他们接受新鲜事物更加容易，媒体报道诸多年轻人成功的范例，让他们更加希望短时间获得成功，能在30岁的时候获得财富自由也在很多人的梦想清单里。

然而很多人忽略的是，技术让速度的重要性变得越来凸显的同时，另外一个变化越来越重要——做人的能力。

“做人的能力”，变成了认知、晋升和发财的最关键因素。而余佳文们最需要补的就是这一方面。

实际上，试想你我在20出头的年龄能理解这一点吗？反正我是不能理解的，我曾经写过文章说我走到了对立面，好在后来醒悟尚未晚。

古人说，太阳底下无新鲜事。的确如此，除去科技，人性的要素几千年来能有什么变化？东西方能有多少差异？

就像余秋雨先生曾经说过：“青年人应该明白，在你们出生之前，这个世界已经非常复杂，非常诡异，非常精彩地存在了很久很久。你们，还没有摸到它的边。不要说真理之门了，就是懂事之门，离你们还非常遥远……”

拿我自己举例。我20岁出头的时候也对世界有很多误解。实际上，年轻人有梦想、有朝气、有想法、有干劲是极好的事情。因为，我们谁都曾年轻过，我们也将老去。

要不要说谎

我先表明态度：我讨厌不诚信的人，也讨厌满嘴跑火车的人。

但是，我相信很少有人从来没有说过谎话，虽然我们一般不会承认自己说谎。

美国前总统克林顿在莱温斯基案中关于“性”的定义让我们除了看到狡辩还有谎言，他斩钉截铁地表态“我历来没有同她产生性关系，我永久不会同她产生性关系”；而华尔街之狼的成功伴随的除了荷尔蒙就是谎言。

当一个又一个P2P骗局被识破时，当纪检部门戳破一个又一个贪官的虚假面具时，当以假充真的商品让你防不胜防时……我们会发现生活中有太多不实与谎言。

那么，是不是一定不可以说谎呢？

德国作家莱纳·艾尔林格认为在一些情况下是可以说谎的，但需要遵循一些准则。他在《生活中的道德怪圈》中提到需要“符合真相与坦诚原则：不要伤害他人”，这也是叔本华的道德伦理学基本思想之一。

一对新婚夫妇在婚礼后想知道朋友是否像他们一样喜欢婚礼晚会，但他们的朋友认为婚礼在各个方面——食物、气氛、场所——都不成功，那么被问到的朋友应该毫不隐瞒地说真话吗？

我们可以按照“不要伤害他人”这一原则来回答这个问题。新婚夫妇对于一次性的婚礼不可能再有机会进行改进了——双方中的任何一方不会希望有下一次婚礼吧？因此对他们所提出的问题，任何建设性的批评或改进的建议都没有任何意义。

他们询问的原因更多是确认幸福的感觉，所以答案非常清楚了，朋友们需要给他们“真实的谎言”：YES即祝福！

在职场中，“不要伤害他人”这一准则也大有用武之地，除非一些“硬杠杠”没有妥协的余地，我们大可采取这一原则促进沟通效率、团队合作，这也是高情商的表现之一。

举一个例子，假如你和同事在去往拜访客户的路上，同事问你他的新行头如何，你该如何回答？

我的建议是即使你很不喜欢同事的新造型，你的回答也应该以不要打击同事的自信心为前提。这个时候的直言并不能对达到你们见客户的目的有所帮助，相反会起到负面作用。

即使你有更好的建议，也请见完客户以后再说吧，就像村上春树说的，“绅士就是：所做的，不是自己想做之事，而是自己应做之事。”

为什么说了解动机很重要

首先声明，我也非常烦一些人“只问动机、不问是非”的做法，但我还是在这里强调下了解动机的重要意义。

面试的时候，针对要换工作的候选人，基本上“为什么要考虑新机会？”是人力资源从业者最喜欢问的问题，这就是一个典型了解动机的面试题。

就婚姻而言，男选貌，女选才（或钱、权、名），理论上这个组合是可以持续稳定的。我们每个人的行为是受意识控制的，这个意识有可能是显意识，也可能是潜意识。

我们在进行一项商业谈判时，成熟的谈判者会考虑对方的动机，如果评价的结论是动机不纯，十有八九合作要黄了；我们选择伴侣时，如果发现另一方的动机不纯，十有八九会黄掉。

不同的是，爱情会让人盲目，会让人感性大于理性。

荷尔蒙甚至会让人变得毫无理智。

因此说，同外界打交道，了解对方动机很重要。

三 走出舒适区，自律带来自由

我在前面章节已经提到过“舒适区”的概念，从另外一个角度来看，自律是让我们能走出舒适区的前提。

斯坦福棉花糖心理学实验是斯坦福大学Walter Mischel博士1966到1970年代早期在幼儿园进行的有关自制力的一系列心理学经典实验。在这些实验中，小孩子可以选择一样奖励（可以是棉花糖，也可以是曲奇饼、巧克力等），或者选择等待一段时间直到实验者返回房间（通常为15分钟），得到相同的两个奖励。

在后来的研究中，研究者发现能为偏爱的奖励坚持忍耐更长时间的小孩通常具有更好的人生表现，如更好的SAT成绩、教育成就、身体质量指数，以及其他指标。

当然，也有人提出质疑，甚至认为这个实验有“误人子弟”的嫌疑。一些家长根据此实验的结论做出了选择：为了自己的孩子将来能够成龙成凤，在孩子还是很小的时候就有意训练他们的自制力，让孩子学会延迟享受。如孩子饿了想吃东西的时候，不是马上给吃的，总要等待几分钟时间。

这就有走偏了的感觉。自律并不是限制或者延迟享受快乐必须强制二选一的选择题。先苦后甜还是先甜后苦只是方向性上会对我们的选择和未来发展产生价值。

高度自律产生价值的例子非常多。如香港首富李嘉诚除了会赚钱，也以自律著称。他的作息时间非常有规律：清晨5点59分闹铃响后起床；随后，读新闻，打一个半小时高尔夫；然后，去办公室开始工作。

还有我们前面章节提到的股神巴菲特也非常自律，即使财富已经位居全球前列，依然住在几十年前买的房子里，坚持去办公室看财报，去镇上的牛排馆吃牛排，喝可乐，过着规律而简单的生活。他的成功正好证实了法国数学家、物理学家帕斯卡这句话：人类的一切痛苦源于无法在安静的房间独自坐着。

伟大的投资家都需要善于自律，享受孤独，即使枯燥无比。《索罗斯传》说索罗斯这么多年一直保持晚上复盘的习惯。

我认识的很多能人都是自律性很强的人物。

有例外吗？

一个也没有。

一个做投资年入数千万的哥们陪家人去海边度假，家人在海边玩水，他大部分时间对着电脑看各种指标、财务报表、模型和研究报告。类似这样自律到极致的例子还有很多。

再举一个我身边的例子。我现在单位总裁王总也是一个特别自律的职业经理人，这也是他能如此卓越的重要原因之一。

他一年至少250天在出差，工作强度特别大，除了对智力、情商考验外，身体素质也非常重要，而他经常忙到吃饭的时间都没有。即使这样的情况下，他也能抽出时间进行体育锻炼。他爱好打羽毛球，水平也非常了得，屡次获得上海陆家嘴金融圈子羽毛球单打的冠军。

自律不一定让我们财务自由，但是自律的人生强调没有付出就没有回报的价值观，这是最为重要的。

四　被轻视的反馈与预期机制，痛苦 + 反思 = 进步

这一节讲的是有关成长及相关的话题，反馈、反思都为走出困境，走向成长；预期管理学得好，有助于改善大家彼此之间的关系，也是一种必要的修行。

正确对待他人的反馈

（1）反馈与绩效考核结合

一些公司尤其500强公司在绩效管理体系设计时，会要求上级对下级进行绩效考核时，需要进行绩效面谈，对下级优势及不足部分进行反馈。

这项内容在一些组织是别忽略的，因为通常认为考核的目的主要是为了分钱，与奖金挂钩。

一个好的经理人如果用好这个工具，对员工成长是非常有帮助的；同时，通过下属的反馈，也会有助于上级更好地了解下级。

（2）反馈的误区

除此以外，他人的反馈还可能来自每一个人，包括父母、朋友、同学、下级、配偶等。

但是，在国内这种不愿意当面提出不满意见，而习惯私下抱怨的大环境下，如何正确看待他人的反馈的确是个难题。

一些当面提出肯定的意见，要结合这个人的个性特征、语境、表情等因素综合判断，切不可认为是对方真实的意见。

对他人提出的批评意见，要有雅量“有则改之，无则加勉”；而对待他人的恶意攻击，尤其是人身攻击，该反击也应该适度反击。

管理预期

预期管理还有一个重要点是如何管理好别人对自己的预期，包括上级、同事及客户等。

有的人说，不要以别人期待的方式满足他人的预期，因为没有人知道他究竟想要什么。这一点我有不同的看法。是否满足他人的预期还是分情景的，而不能一概而论。

（1）正常的预期，是要给他人的

这也是我们是否能成为一个靠谱人的关键，否则我们就会出现信用不够的情况。如果他人对你的预期是不靠谱，一些重要的合作机会就不太可能给你，你的客户、上级等如果是对你这样的预期，后果可想而知。

这方面，我不一定需要一定超出他人的预期，但至少需要满足。

（2）给他人超越个人资源和能力的预期是要慎重的

我们一些同学为了争取一些计划，胡乱承诺，自然无法兑现。

这样的做法有可能抓住一些机会，但是因为预期管理不好，后期风险很大，也会给业务和个人发展带来很大的不确定性。

预期管理还有一种类型很容易被忽略，就是预期沟通。李克强总理曾经说过："在市场经济条件下，一些决策如果出台前与市场沟通不够，就可能扰乱市场预期，后续就需要大量工作去弥补。"

我们在做这方面管理时，要清晰地通过书面或口头形式，阐述政策、制度、方案或具体的意见，防止沟通不清晰；同时，需要适度考虑沟通对象的理解语境，尽量用对方听懂的语言和语境进行沟通。

痛苦＋反思＝进步

对冲基金公司桥水创始人瑞·达利欧在其畅销书《原则》中提出"痛苦＋反思＝进步"这个成长公式。

达利欧认为感受到痛苦是个重要信号，说明有教训可以吸收。如果你能很好地反思痛苦，你总能学到重要东西。

当某个人经历痛苦，可以记录下经历的痛苦，但不是反思的合适时机，因为痛苦的当时很难保持清醒的头脑。痛苦之后反思，由此走向进步。

五　用输出倒逼输入的成长进阶之路

定义

"以输出带输入"是目前很多高阶职场人士不管是有意识还是

无意识在普遍使用的一种学习方法。是以输出某项成果为目标，去有针对性学习（输入）相关的知识和技能。

大家知道这几年人工智能（AI）太火了，我对此很感兴趣，于是我就针对性看了上百篇相关文章（输入），然后针对性很强地写出几篇介绍AI的文章。这就是典型的用输出倒逼输入的学习方法。

《北京折叠》的作者郝景芳也分享过此类方式。她主要从三个方面进行了阐述：

1）以兴趣驱动学习；

2）追寻心中的光，学习是彻头彻尾的幸福和享受；

3）激发人类本能的驱动——目的感。

其中，第三方面就是非常典型的以“以输出带输入”的学习方式，通过事先设定目标，驱动我们前行。

郝景芳继续阐述了为什么很多人无法进行这种“梦想照亮现实”式的学习方式。她认为一是很多理想（目标）太远了，远得无法穿透日常的迷雾；二是只有自己的兴趣才是真正的兴趣，被灌输的宏大理想很难让内心产生波澜，唯有自选，才能成为自我驱动。

至于将目标设定到什么样的程度，我比较推崇尼采的观点：你会把你的目标定在哪里呢？你会模仿别人的目标而定自己的目标吗？或者将目标定在稍稍努力就能达到的位置？再或者是描绘一个充满幻想的空洞目标？

无论是什么样的目标，你都要把它定在只有超越自己之后才能实现的位置。

以输出为目标学习和一般学习，从效果来看不是一个量级

我在兼职时间偶尔会做培训，2016年底曾经开过一次有关《分类》为主题的微课，我本来以为自己对培训的主题已经非常了解了，实际上根本不是一回事。

因为自己掌握跟去教别人掌握需要具备的能力和知识储备不是一个量级的。如需要考虑怎么开场，话术的安排，需要去思考如何才能让零基础的人也能够听懂；再比如分享时的语气语速，如何才能不让大家走神，准备各种案例、故事，很多都需要去重新学习和构建。

另外在专业知识这方面，我懂了，不代表分享给别人时对方就能明白。这也是很多大师并不一定是一个好的老师的原因。

职场专业人士正在用这样的方法准备工作汇报

职场专业人士或多或少都需要进行工作汇报，1对1，或者1对多。一些很重要的汇报，事先需要准备PPT及其他辅助材料。

我的一个500强高管朋友，一场几十分钟的汇报，通常的习惯要看几百页的材料，然后做成几十页的PPT，然后不断演练、修正，精简为十页之内的PPT。最后，将核心结论整理为一页的PPT。

最后的呈现，根据具体情况一般在15分钟到半小时之间，当然如果对方需要更多细节，也都备在旁边了，随时拿出来，即使会议延长数小时也都有料可以呈现。

我来拆分一下。目标是：工作汇报，具体根据汇报时间准备相应汇报材料，标准流程如下：

输入1：阅读几十甚至几百页的相关材料；

输入2：阅读相关书籍；

输入3：相关人员访谈；

输出1：整理成几十页PPT（这个阶段也是阶段性输出）；

输出2：精简为10页PPT（这个阶段也是阶段性输出）；

输出3：核心结论精简为1至3页PPT。

读书也可以采取这样的方法

我经常会给他人做好书推荐，要写出一篇大家阅读（或者听）时间在2至5分钟的内容，我比平常阅读这本书花费时间至少要增加一倍以上，而且对整本书的框架和结构更加了解。

一些书我是几个月前推荐给大家，但书的主要内容现在在我的脑海里还是无比清晰。这是意外吗？

因为这实际上完全符合“以输出带输入”原则的学习方法，也基本达到了莫提默·J.艾德勒和查尔斯·范多伦在《如何阅读一本书》中提到的境界，对于“整体内容”这件事，光是一个模糊的认知是不够的，你必须要确切清楚地了解才行。只有一个方法能知道你是否成功了。你必须能用几句话告诉你自己或别人，这整本书说的是什么。（如果你要说的话太多，表示你还没有将整体的内容看清楚，而只是看到了多样的内容。）不要满足于“感觉上的整体”，自己却说不出口。

目前还有一种目前比较流行的方法就是拆书，要达到能拆书或者参加读书会向他人分享，实际上这也是一种“以输出带输入”。相对而言，记读书笔记的做法效果会相对弱一些。

变化的是思维方式

提升认知，优化思维方式，这也是我这本书反复强调的主题。从输入→输出调整为输出→输入，看似只是顺序的简单调整，变化的核心在于思维模式转变，进而带来成果量级变化。

我们每个人可能都或多或少会有自己的执念，这无关好坏，但如果我们需要推销自己的理念、方法论和观点，我们需要以此作为“输出目标”，那么我们就需要通过大量的“输入”，一步一步实现自己的目标。

从更加现实角度来说，如果你想在职场上如鱼得水，这个招式也需要学好。

六 成长路漫长，找到适合自我的解压方式

现代人普遍存在较大的压力，甚至我们已经身处一个焦虑的社会，记得十多年前我刚工作的时候完全没有这种感觉。

一方面，是年龄的确会给我们的心态带来很大变化；另一方面，技术发展引起的变化迭代让这个社会变迁的速度大大加快了。

技术的突变不断颠覆人们的生活、工作方式，并改变着商业世界的竞争规则与态势，同时也焦灼着我们每个人的内心。

生活中的几大“坑”——房子、孩子、位子、票子……任何一样都可以轻易让我们无处可遁，给我们的内心带来狠狠的痛击。

因为焦虑等无所不在的压力，我们在各类场合听到很多人感慨还是读书好。

其实，哪有什么例外？

读书早不是什么法外之地，这年头父母为子女的择校也是操碎了心；另一方面，大学生为了攀比名牌手机等一样焦虑。

技术的发展，让我们更容易比较，也让我们更容易失衡。媒体、亲朋好友的各种解读不但没有使我们有所疏解，反而加重了我们的症状。

我们常常还会有一种孤独感，甚至是一种无力感。工作时间越长，这种感觉越强烈。

我们的内心需要更多坚定的东西，而不应该像钟摆一样不断晃动。

如何解压？我认为首先从意识上来正确对待解压尤为重要，正确对待孤独，学会妥协，同生活和解，适当有些阿Q精神，养成一些适合自己的解压方式，可以是运动，也可以是美食、瑜伽、冥想、音乐、读书等。

无论如何，请乐观前行。

孤独是人生完成的必修课

作家刘瑜曾经写过一篇流传度很高的文章《一个人要像一支队伍》，节选片段如下：

> 前两天有个网友给我写信，问我如何克服寂寞。她跟我刚来美国的时候一样，英文不够好，朋友少，一个人等着天亮，一个人等着天黑。“每天学校、家、图书馆、gym、几点一线”。

> 我说我没什么好办法，因为我从来就没有克服过这个问题。这些年来我学会的，就是适应它。适应孤独，就像适应一种残疾。

这当然是一种很好的方法，如果我们可以从心理层面能够认识到人生中很多事情需要独立一个人完成是生活的常态，去适应它就会容易很多。

我们可以将孤独的层次进行分类：有一种分类是一个人看电影、一个人吃火锅、一个人去旅行、一个人去医院这样物理层次的分类；还有一种是从物理层面到精神层面进行分类。实际上，不要太刻意观察，这几年一个人看电影、一个人享受美食、一个人运动等现象越来越普遍。很多人看起来是一种enjoy的感觉，就像蒋勋老师说，“孤单会发慌，孤独则是饱满的”。

当然，孤单和孤独也不是非常绝对区分的状态。村上春树说，“哪里会有人喜欢孤独，不过是不喜欢失望”，这里的“孤独”是处于一种中间状态。我们希望同另一个人或者另一群人相处，但是这个“想法”却说不出口，怅然失魄。我想每个人在一生中都会碰到类似的状况。

蒋勋老师认为孤独是一种美学，他因此有感，写了《孤独六讲》。他在思维孤独的章节中提出所有的哲学都是孤独的。他说：“孤独是思考的开始。这个社会需要一些孤独的行者，从群众中走出去，可以回看群众的状态，如果在群众中，便没办法自觉。”

不仅仅哲学家需要孤独，其实我们每一个人都应该需要这样“孤独”的状态。

从小处着眼，就是我们在喧嚣的生活中，在无处不在的从众压力下，我们需要适当抽离，从外往内看，这是一种思维方式。佛家说要破除“我执”，内修当然非常有必要，外修有时可以起到“事半功倍”的作用。

为什么很多僧人要云游四海？

因为只有从当前的“舒适区”或者“习惯区”抽离出去，在一个陌生的环境中，加上孤独的自我，我们就可以从不同的角度来思考、总结一些问题，从而到达一种状态。

其实，一个人去做别人两个人或者一群人一起做的事，如果你坦然接受，这并不是特立独群，也不是超然于物，而是生活本身的选择而已，因为人生来孤独，与贫贱富贵无关。

人生需要一些妥协的智慧

生而为人，我们是习惯“摆事实，讲道理”的，当然很多人忽略了前者，擅长后者，动不动要给别人上课。

很多人讨厌中年人跟老年人，就是因为这些中老年动不动就给别人上课。

前几天，出差在机场打车，发现前排三个中年男人打了一辆车，但是连续几次被出租车司机给赶了下来，事情很简单，因为司机排队排了很长时间，而这三个人要去的地方离机场太近了，司机觉得不划算。

你是不是碰到这样的情况？

如果你遇见，你会怎么处理？实际上，我也经常会遇见。

常见的方法有以下几种可供选择：

1）让公司或者朋友、家人来接你；

2）自己通过打车软件叫车来接；

3）坐机场巴士或地铁（如有）。

有没有其他选择了？

实际上还是有的，比如我的朋友包括我常常采取的方式是直接加钱，给司机加10至20元，补贴他的时间成本。

他们也是不容易的，毕竟在机场排队是很长的，一般要花费1至2小时，甚至更长；如果乘客要去的地方太近，他们会觉得很不合算。

当然，如果我们要“讲道理”：司机拒载是没有道理的，也是违反出租车管理规则的……但是怎么办呢？

如果要和司机讲这个道理，他不一定接受或者置之不理，我们也要被浪费时间，还要承担情绪波动、不开心的成本。

值不值？

每一个人的衡量标准是不一样的。我认为是不值得的，就像我写过一篇文章叫《主动沟通是万能解药吗？》，沟通在很多方面是起不了作用的。

我的建议是我们在衡量一件事情时，需要充分考虑投入与收益之间的关系，同时还要加上对方的反应和预期。

在乘出租车这件事情上，与其花费精力让不情愿接你单的司机送你，同时在路上还要忍受他恶劣的情绪，不如将这些转化为成本，这个成本如果是你可以承担的，那就OK了。

生活、工作中类似很多问题按这样的逻辑来分析，就不会有那么多烦恼了，你说呢？

把孤岛连成大陆，和生活表示和解

大家在我的收费微信群会常聊到一个话题——“如何拯救自己”，抑或“普遍地浮躁或焦虑”……

感同身受。安抚好自己的内心虽然难却很有必要，否则有可能走到死胡同，甚至走上抑郁这条路。

孔子说：“吾十有五，而志于学。三十而立，四十而不惑，五十而知天命，六十而耳顺，七十而从心所欲，不逾矩。”意思是人到三十岁基本就可以独立思考，独立自主到自立门户的程度；而四十岁可以达到对人生各种问题深入思考而没有疑惑了……

在我看来，这是个理想状态，孔子可以，我们很多人在同样的年龄很难达到这样的境界。

单单一个“人”字，在四十岁时就没有太大把握说已经了解清楚了。了解自我、了解他人，从来都是说来容易做来难，尤其是了解自我。就像哲学家亚里士多德说：“对自己的了解不仅仅是困难的事情，而且是最残酷的事情。自我省察对每一个人都是很难的。要做到真正认识自己，客观而中肯地评价自己，常常比正确地认识和评价他人困难得多。”

另一方面，人和人之间的很多误会就是因为不了解、看不透或沟通不畅引起的，一旦点破了或者醒悟了，也就雨过天晴了。

找一个“懂”的人已经成了奢侈品，往往“求而不得”。

因为难，所以我们需要尽力理解彼此的不同，甚至不必去理解但要彼此尊重。

一次我在朋友那里听到这样一个真实的故事：

一个事业非常成功的上海法官患了严重的抑郁症，主要症状是不愿意和他人交流，整夜整夜地睡不着觉。他遍访名医却毫无效果，尝试了从药物到心理，到精神等所有疗法，对他都不起任何作用。

最后，这位法官已经放弃寻找医生治疗了。然而，一个偶然的机会，他居然自己治好了自己的病。

一次，他的女儿捡到一只流浪狗，出于善心养在家里。恰恰有几天他女儿外出不在家，没办法，他帮女儿照料了几天。

结果他和狗狗发生了比较好的情绪互动。同时，因为遛狗的原因，狗走得快，使得他也跟着出了不少汗，洗完澡居然神清气爽，睡眠变好了。

就这样抑郁症好了。

加布瑞埃拉·泽文所著的畅销书《岛上书店》讲述了一个故事。

书中的主角A.J.F.经营一家岛上书店，接连遭遇了爱妻去世，书店危机，唯一值钱的宝贝也失窃了，他的人生陷入困境。

直到他遇到了一个神秘包袱才打破了僵局，他做了一件以前对他而言不可思议的事情，领养了2岁小女孩玛雅。

正因为领养了玛雅带来的一系列变化，他的生活迎来了巨大转机，他走出了人生的困境。

日本作家石田衣良在他所著的《孤独小说家》一书中向读者讲述了一个故事。

小说家青田耕平和儿子小驰生活在一起，耕平出道十年，寂寂无名，他的作品从来没有加印。另一方面，三年前，耕平的妻子遭遇匪夷所思的交通事故去世。“那真的是事故吗？”，深深困扰着耕平。

最难的就是付出了很多却看不到希望的日子，怀疑、动摇……一切一切让人麻木。尽管如此，耕平仍然坚守，不忘初心……

还有《解忧杂货店》《一个人的朝圣》都有类似的困境，转变，然后重生。就像《孤独小说家》所说：

“在生活苦不堪言的时候，在人生失去方向的时候，在厌恶一切的时候，无意中拿起一本书，它能推你一把，让你迈出新的一步，让你产生重新面对社会的勇气，连一本滑稽可笑的书里，也有拯救生命的力量。

“蒲公英，即使无人欣赏，它也骄傲地绽放。平淡中充满感动的文字，人生中总有几本小说随手翻起，能够拯救人的灵魂。”

人总是要成长的，我们不能像电视连续剧《人民的名义》中王大陆对欧阳菁的评价一样——拒绝成长、拒绝成熟。

欧阳菁的这个心理，我们很多人都有。这其实也是这么多人——尤其女人——总是生活在痛苦中的原因。

欧阳菁没有学会和生活和解，也没有学会和自己和解，这也是她最大的悲剧。一个人的幸福来自内心对自己的认可和接纳，而不是别人。

无论是上海患抑郁症的法官，孤独小说家青田耕平，还是A.J.F.，当他们面对人生的困境时，不管是主动还是被动都接受了一些改变：照料狗狗，和异性交往，收养小孩。

正因为这些或大或小的变化，给他们的人生、生活带来了不可思议的影响。就像泽文说，“我告诉你，生活中每一桩糟糕事，几乎都是时机不当的结果，每件好事，都是时机恰到好处的结果。”

最后，我把美国诗人约翰·堂恩的几句诗送给大家：

谁都不是一座孤岛，自成一体。
每个人都是那广袤大陆的一部分。
任何人的死亡都使我有所缺损，
因为我与人类难解难分。
所以，千万不要去打听丧钟为谁而鸣，
丧钟为你而鸣。

无论如何，请乐观前行——约翰的故事

小伙子叫约翰，姓潘，是一个年轻华人。父母从温州到意大利做生意，他也跟着父母一直在意大利生活，他在学校谈了一个女朋友，意大利姑娘Assunta Liguori，中文名茜茜。

这对小情侣非常恩爱，一年后就到了谈婚论嫁的地步。于是，约翰就告诉他父母他们希望结婚的想法。他父母说："你们结婚我们支持，但有个条件你们必须回一趟温州。"

因为约翰的爷爷、奶奶还在温州；同时，根据温州当地的风俗，当地人结婚前，一般需要先祭拜下祖先。

约翰愉快地答应了。

他们飞往了中国北京，他们原定计划23日要在上海住一晚，但他们归心似箭，就这样改变他们人生轨迹的事情发生了。

他们坐上了一列开往温州的动车，约翰的票在第一排，茜茜的座位却在十三排，他们是那么恩爱，哪怕一刻也不想分开。于是，约翰就和邻座商议，请他和他女朋友换个座位，邻座不乐意，说：

“你女朋友座位离这太远了，而我有很多行李要拿，换座位实在不太方便。”

约翰充满阳光，积极乐观，情商很高，很善于沟通，他接着说：“我的女朋友是外国人，这是她第一次来中国，人生地不熟，没人在旁照应我不太放心。这次旅程结束后，我们马上就要结婚了，大哥您就帮我一下吧。”

邻座被约翰说服了，他说：“听你这么说，如果我再不同意换座位，感觉我也太小家子气了。”于是就同意换座。

……

约翰再次醒过来的时候发现自己已在一家医院，只有左臂能动，究竟发生了什么？

他们遭遇了2011年7月23日的“温州动车事故”。

人的命运有时候就是那么不可捉摸。他的女朋友茜茜成为此次事件唯一去世的外国人。

约翰醒来问的第一句话就是我女朋友这么样了。医生看他身负重伤，不适合告诉他女朋友已经去世的真相，于是就告诉她的女朋友在另一家医院，和他一样也受重伤。

约翰听后哈哈大笑，非常开心。他是个乐观的孩子，只要人还在就好。

而和约翰换座位的朋友，事故发生后，发现不少行李压在身上，推开后，发现自己居然毫发无损！他爬出去，找到了一辆车就回家去了。真是不同的选择，不同的命运。

七 选择大于努力，永远不要停止学习

跟对人有多重要

在百丽私有化后，曾经投资过京东的大股东高瓴资本张磊一段讲话广为流传。张磊说："在人生的道路上，选择与谁同行，比去远方更重要。"

不是说远方不重要，我们也很喜欢和需要远方。作家安东尼·德·圣-埃克苏佩里就说到，如果你想造一艘船，不要抓一批人来搜集材料，不要指挥他们做这个做那个，你只要教他们如何渴望大海就够了。

事实上，我也认为除此之外，选择和谁同行非常重要。跟一流的领导或合作伙伴共事同二流的领导或合作伙伴相比，两者的差异会很夸张，这个差异很有可能是几倍，甚至上万倍……

在这段讲话中，张磊同时认为百丽最核心的是运动员精神，他认为运动员精神要赢、不断探索、不断挑战的同时还有一种精神就是强调合作、协作的文化。再了不起的球员，其他球员不传球给他，球队也很难赢得比赛的。伟大的团队一定是靠协作取胜。

选择合作伙伴的能力很多时候是生死攸关的，碰到优秀的合作伙伴可以创造的成绩是几何级的。

投资界有不成文的惯例，一家公司的好坏除了商业模式、盈利前景外，管理团队的有效性也是最关键被考察因素之一。

在我工作十多年时间中，我曾经主动或被动换过十几个上级，即使我们强调正向思维，强调吸取养分，抛弃糟粕。虽然不同的上级都可以带来成长，如果从量化的角度来衡量，差异是巨大的。能力超强的上级带来思维的升级和震撼以及他可提供给你的资源，会将你带入到一个全新世界，甚至是无人之境。

选择与谁同行，这个"选择"看起来简单，实际上很难。正因为难，更凸显选择的重要性。

你可能会问："我的上级我能选择吗？"

当然可以。

我们不仅仅可以选择我们的外部合作伙伴，我们也可以选择我们的老师，我们也可以选择上级，跟随一个不值得跟随的人，我们该止损时要止损。

好的老板应该同时也是好的老师，好的合作伙伴也是。

如果你在火箭上有一个位置，别计较坐在哪儿，先上去再说

最近几年，有关阶层固化的话题总是引发广泛的讨论，我也曾经写过多篇文章讨论过。实际上，不论阶层是否固化，从全球范围来看，贫富差距不是减少了，而是加大了。

从数据来看，1980年，美国收入最高的1%成年人平均税前工资高达42万美元（按2014年的美元价值计算），是平均收入最低的50%成年人的27倍。如今收入最高的1%人群平均年收入为130万美元，是平均收入最低的50%成年人的81倍。

很多专家、学者都在分析为什么收入差距进一步拉大？

一部分观点认为是阶层固化的马太效应，这个观点得到了很多

目前收入水平较低人的认同。

事实真是如此吗?

斯坦福大学著名经济学家尼古拉斯·布鲁姆认为公司之间的差距才是不平等产生的真正原因。

他和其他研究者以1978至2013年间的美国雇主和员工为研究对象，发现如果雇佣的是来自收入分配体系最高层的员工，其平均工资会迅速增长，而雇佣低收入的公司平均工资增长幅度偏小。

公司之间薪酬差距的拉大，是导致收入不平等加剧的主要因素。

事实上，这对中国一样适用。

薪酬调研公司的研究数据表明，一些行业如互联网、金融、房地产公司的薪酬增幅远远高于传统行业。

即使如此，在承担更高的人工成本情况下，这些代表未来方向的行业利润回报率远远高于传统行业如制造业。

这些头部公司利用高薪获得更多价值。

提高薪酬，可以招聘到顶级人才，或增加稀缺技能的员工人数。结果高技能、受过良好教育的员工越来越聚集于能给他们丰厚薪水的公司，并进一步带动公司的发展，形成良性循环。

相反，员工就业于业绩差公司依然拿较低的薪水，甚至会下降，形成了一个恶性循环。

畅销书《向前一步》的作者谢丽尔·桑德伯格，是现任Facebook首席运营官，也是前谷歌前营销部门负责人，她曾经在哈佛的一次演讲中提到自己参加谷歌前CEO施密特面试时的情景。她提到施密特对她说应该少关注工作头衔，“如果你在火箭上有一个位置，别计较坐在哪儿。先上去再说。”

中国最先富裕起来一部分人也一样，很多人都是出自BAT、金融或者房地产这样的头部公司。

因此说，如果你真的有机会登上火箭，你应该抓住这样的机会。火箭可以飞得很快、很远，你只要坐在里面不掉出来就可以享受这样的势能了！

明白这一点，假如你有两个工作机会摆在面前，如果一个是代表未来方向但目前工资较低，而另外一个是传统行业但目前工资较高，这样的选择应该不难了。

还是那句话，做正确的事，比把事情做正确要重要得多！

大学生要不要先休学，先积累经验？

这个问题，我认为是要看情景的。

以我所在行业——投资银行——为例。我们招聘的员工95%以上都是国内外一流大学研究生，清华、北大、复旦、交大比比皆是。学历是一个最基本的门槛。

我们招聘选拔的结构是“知识结构＋能力模型”，知识结构通过“目标学校＋专业＋证书（CPA、司法资格、CFA等）”来解决，能力主要考察沟通协调、团队合作、写作等方面。

值得一提的是，好的实习经验是很重要的加分项。

那么其他行业呢？

这几年新媒体特别火，很多人非常羡慕能写出10万＋的写手，实际上一篇爆款文章往往需要好的故事（案例），有情绪爆发点，需要很多细节；而我们写报告更看重的是逻辑严密性，最好有相关数据来支撑，需要用三段论来论证等；汇报工作时，我们强调金字塔原则——结论先行，然后1、2、3来论证，需要细节的时候再呈现细节……

这两者需要的能力并不是一致的。

根据我对中国教育体制的了解，新媒体写作需要的能力高校无疑是无法解决的，甚至我们90%以上公司媒体公关岗位也是无法解决的。

实际上很多岗位需要的知识和能力，高校是严重脱节的，即使你招聘来211高校的研究生，至少我还是能感受到一些同学具备的知识和能力和实际职场需求会有较大的脱节。

对能在一些头部新媒体公司实习的学生而言，我觉得她选择休学是对的，这样的机会能带给他的收益相对是比较确定的，而且进入这样顶级新媒体公司的机会稍纵即逝，属于稀缺资源。正如新媒体红人咪蒙所说，她们的实习生其他新媒体公司抢着要。我相信所言不虚。

古人说，物以稀为贵。稀缺的是机会，稀缺的是人才……

顶级公司比如BAT的人才是稀缺的资源，顶级的新媒体公司人才也一样，当拿一个代表“不确定性职业机会的文凭”来PK代表“确定性TOP新媒体公司实习机会”时，这样的选择其实并不难决定。

但对于大多数同学而言，拿到这一纸文凭后再去做选择似乎更顺理成章。这的确是看起来更加政治正确而且无懈可击的选择。说到这里，其实我的立场已经很清晰了。

我们的选择应该是建立在不同假设基础之上的，进一步分析如下：

1）假如你有进入头部公司全职实习的机会，那就好好把握，这样的选择会优于你在学校可以学习到的东西（开阔的视野、人脉及实操的实力），当你进入职业倦怠期或者觉得输入不够输出时，还有一个选择——可以选择重新求学。请注意前提不是退学而是休学。

2）假如你没有比较明确的机会时，那我建议还是按部就班拿到文凭比较好，多找一些实习或兼职机会，开阔视野，尽早可以get自己未来的方向。

持续学习，即使为了跑赢骗子

我曾看过证券时报网发表的一篇文章《总有一种套路让你血本无归！荐股群、聊天室、直播间，港股现货茶交所……》，揭露了很多理财相关的陷阱。骗子们不断升级骗术，与时俱进，先包装、后推销。

他们常常通过免费的荐股群、聊天室、直播间先取得大家的信任。当然这里面潜伏了很多的托儿，烘托所谓的“专家”有多能耐，已经帮助一些人（托儿）赚了如何高的收益。

取得信任后的下一个步骤就是“欲拒还迎”，故装高冷，开始并不愿意带来大家“共同致富”，气氛被托儿们烘托起来后，然后佯装不情愿地给做一些推荐。常见的方式有：

1）逢低建仓。提前在低价位大量购入股票或者其他标的后，再以发布推荐等名义，诱骗大量个人用户资金入场，等价格拉升后迅速卖出，获利逃离出场。

2）炒茶叶或者商品（非正规或者假冒商品交易所）。诱骗用户注资到假冒的交易系统，并在后台实时操纵行情，伪造交易记录，欺诈用户大量资金。

3）原始股。各种类似旁氏骗局这样的平台承诺高收益，前几天南京涉案几百亿的平台……

逢低建仓这种方式以前一些电视台、广播所谓的专家就没少干这样的勾当，如今移动互联网发展迅速，骗子们不断升级，充分利用微信群、QQ群、直播群、个人微信号来实施了。

根据证券时报网记者的调查，第二种炒茶叶、炒商品的方式是最恶劣的，投资者往往被骗得血本无关，因为整个平台都是假的，所有交易记录也是假的，你怎么交易都是错的。

说实话，我身边也常常听到类似被骗的故事。

骗子为什么会屡屡得逞？不是因为被骗的人傻，也不是智商问题，很大程度上是因为骗子深通人性，深知人性弱点，利用人性弱点套路人家，所以很多人就中招了。

那么，如何应对？

首先，要确立任何高收益的承诺基本都是不靠谱的意识。天下不会掉馅饼，尤其陌生人和你非亲非故，为什么要带你一起致富？

其次，要持续不断学习，具体如下：

1）要了解人性的弱点及推销术。了解人性贪婪的弱点。了解类似这样的四步骤推销套路：A信任；B示范（成功案例说明）；C欲拒还迎；D深信不疑。

这样的套路用在正路上可以成功，用在邪路就是诈骗。

2）了解常见的行骗套路，如上文所总结的三种（骗术虽然升级，但是万变不离其宗），避免自己盲目从众。

3）对一些新概念、新事物，要广泛了解相关信息后，才决定投或者不投。你买一件几十块钱的商品都要货比三家，何况自己数万、数十万的血汗钱，怎么可以轻易投出去呢？

骗子都那么“努力”，我们有什么理由停止学习，不升级自己的认知呢？

知识付费是骗局吗

2017年，基于移动互联网的中国知识付费呈现井喷式发展，与此同时，爱奇艺、腾讯视频等视频网站付费会员也呈现高速发展的态势。

为知识服务付费已经成为常态。

然而，相关负面的消息也是不断冲击我们的眼球，一部分人知识付费很多就是浪费，买了一堆永远不会看、不会听的内容，内容也不过是新瓶装旧酒罢了。

拿罗振宇的2018《时间的朋友》演讲为例，我朋友圈的几位管理学、经济学博士朋友就评论说：罗振宇只不过是在造新词，贩卖经典的理论罢了。因而，总体对《时间的朋友》评价不高。

另一方面，知识付费的产品质量堪忧，因为是在风口中，各路人马都想来参与变现，一部分自己在职场也混得不好的人居然也开始推销职场课程了，一部分人自己投资都做不好的人教他人理财了；更过分的是，一部分人收了会员费，居然很长时间不更新，只有收费，没有服务。

很多参与其中的人在裸泳，一部分自己知道、装作不知道，还有一部分人自已知道、以为别人不知道……

说完这些乱象，我还是想说一些正面的部分：知识服务已经是潮流，这个潮流知识刚刚开始罢了。瑕不掩瑜。具体说明如下：

（1）知识过剩时代已经来临，筛选成本很高

先来一组数据：根据开卷监测系统统计，从2014年1月至2017年10月，综合实体店、网店及零售三个渠道数据，年销售数量小于5本的图书，占全部图书品种的34.5%；年销售数量小于10本的图书，占全部图书品种的45.19%。2016年，全国新华书店系统、出版社自办发行单位年末库存65.75亿册（张、份、盒），1143.01亿元。

信息已经多到不可思议的地步，以至于很多书从印刷厂出来就变成了垃圾。

面对这海量的信息（网络上的更大），现代人面临着极高的筛选成本，毕竟每个人每天的时间只有24小时。

在这样的情况下，知识服务提供者可以通过筛选知识，对照客户群体提供相应知识服务，减少客户的时间成本。

而且，通过互联网提供服务，还可以减少客户大量的交通等沉没成本。

（2）酒是旧的不代表没有价值

假如瓶子是新的，但是酒是旧的。这个酒有价值吗？

我是这么认为的：如果酒没有过期，就是有价值的。

假设你购买了知识服务，学习到某项知识，后来你发现这项知识不过是东西方大师几百年前发现的常识罢了。

这样的情况，在知识服务领域是非常常见的。很多花钱购买的内容在经典名著里都能找到出处。

但是，我们因此否定这个内容的价值吗？

知识服务提供者，在有限的时间内，将一些经典知识内容进行组装重现，这也是一种有附加值的服务。

即使你以前已经知道某项经典理论，知识服务提供者可以加深我们对这项理论的认知深度，假设这个知识服务提供者是称职的话。

为知识服务，为更会呈现知识的服务提供者付费，只是刚刚开始而已，如果你想参与其中，机会还是很多的。

名校毕业生买不起房的背后原因

能考上清华、北大、复旦、交大等名牌大学的同学，至少智商方面是有过人之处的。然而，这样优秀学历背景的细分群体，依然不能保证买得起房。有人因此认为，这个社会已经进入越来越贫富分化的阶段，阶层在不断地被固化，上升通道被进一步封闭。

因为买不起学区房，他们的孩子从一开始就不可能接触到最好的教育资源，所以很难拥有一个改变命运的机会了。

即使买了学区房，考上名校就成才了吗？

实际上，我们在教育方面戴了太多的有色眼镜，存有太多的执念，本质上教育与成才是一个统计现象，无论你上多好的名校，找多好的老师，人群中只会有一个马云，一个姚明，这是统计学上的概率现象，就像一个池塘里无数的蝌蚪，最后能进化成青蛙的是少数。

管理大师德鲁克说过，个人成功是个新近才有的概念。因为在历史上，农民的儿子是农民，铁匠的儿子是铁匠，没有通过个人奋斗取得成功这回事。

西方如此，中国也不例外。实际上，我们个人的成功也是最近30年的事情。

社会的资源就这么多，80/20原则在这一领域也完全适用，其结果就是绝大部分的优质资源被少部分占有，而余下的不多资源，被大多数人争夺。

（1）成功对智商有下限要求

马尔科姆·格拉德威尔研究表明，智商会对人是否成功起重要作用，但人的智力到达一定水平以上，对个人成功起关键因素的就不再是智商，如某些领域想象力的差异将会起更加关键的作用。

也就是说智商是有门槛值的，马尔科姆·格拉德威尔所著超级畅销书《异类》统计出这样的数据：

25名诺贝尔化学奖得奖者的毕业学校清单，基本都属于一流学校的范畴，但很多并不是哈佛这样的超一流大学。

有耶鲁，有哥伦比亚，有麻省理工，但也有迪堡，有圣十字，有盖茨堡。

当然，要想获得诺贝尔奖，你的聪明才智最少应该能够保证，至少保证自己进入圣十字学院、盖茨堡这个层次的高校。除此之外，别无其他捷径。

在中国，诸多领域的执牛耳者，如互联网领域，一流大学相比非一流大学有优势，但并不明显，简单分类如下：

- BAT的百度李彦宏北大毕业，阿里巴巴马云杭州师范毕业，腾讯马化腾深圳大学毕业（《腾讯传》说马化腾考分实际上够上清华、北大，只是因为某种原因他没去）；
- 搜狐张朝阳清华毕业，美团王兴清华毕业，爱奇艺龚宇清华毕业，网易丁磊电子科技大学毕业，京东刘强东中国人民大学毕业，新浪曹国伟复旦毕业，盛大陈天桥复旦毕业，360周鸿祎西安交通大学毕业，搜房网李忠北大毕业，小米雷军武汉大学毕业，优酷土豆古永锵美国伯克利毕业；

- 猎豹傅盛山东工商学院毕业，滴滴程维北京化工大学毕业，沪江网伏彩瑞上海理工大学毕业，58同城姚劲波中国海洋大学毕业；美图秀秀蔡文胜高中毕业。

我们可以看到，上述19人中：比较知名的大学毕业有12人，一般大学毕业的有6人，没有上大学的有1人。

名校出身的总体比例高一些，但并不具备压倒性优势。值得一提的是，没有读过大学的美图蔡文胜学习能力在圈内有目共睹。

如果要在这样的群体要找一个共性，无疑是都重视学习，都具备极强的学习能力。

（2）一万小时定律

如果智商已经够门槛了，记住这只是必要条件之一，而不是唯一的条件。

接下来看另外一个门槛——1万小时的“专精努力”，《驱动力》《异类》都提到了这一点。

注意，是1万小时刻意地练习，而不是纯粹为了内心的愉悦。举个例子，有些人打篮球已经超过十年，但始终都成不了顶尖高手，那是我们绝大多数人都是为了锻炼身体或者只是玩而已，而不是为了成为篮球高手。

1985年，芝加哥大学教授本杰明·布鲁姆调查了120个来自各行各业的精英人物，最终得到这样的结论：所谓天才，并不能从青少年时期就发现；没有任何一个普遍适用的指标，暗示某个孩子将来会成为行业顶尖人物，智商测试与他们最终在这个行业的成就，并没有那么强的相关性；唯一呈现出强烈正相关性的是：这些被调查者，无一不是投入大量时间，刻苦训练，反复钻研自己手中的业务。

1993年，迈阿密大学的Anders教授来到柏林音乐学院，将学生分成三组：普通学生，优秀学生，卓越的学生。调研结果表示：

普通学生练琴的时间总计在4000小时左右；

优秀的学生，大约在8000小时左右；

而卓越的学生，没有一个人低于10000小时。

他将这个发现写成论文发表，题目叫《有目的地训练在专业人才培养中的作用》。由此可见，人们眼中的天才之所以卓越非凡，并非天资超人一等，而是付出了持续不断的努力。

实际上，只要经过1万小时的锤炼，任何人都能从平凡变成超凡。学历只是起点高了一些罢了。

就如苹果乔布斯这样的人才，他除了创造非凡的苹果公司，甚至创造了一种全新演讲方式。即使如此，每次重要演讲前，他都要组建专门的团队，提前几个星期、甚至数月进行精心准备，不断地演练。

（3）社会环境和机遇的影响

“社会环境和机遇”的影响，也就是常说的“时势造英雄”。

以在北京、上海、深圳一线城市购房为例，“70后”购房的比例远远超过“85后”“90后”。

为什么？

难道“85后”“90后”学历不好，能力不够，不够努力？

从概率来看，这些有差异，但对整个不同群体而言，差异并不明显。

重要的是：2000年左右（“70后”已经就业），房价和工资的差异没有现在那么大。

“从2倍的差异到加大到现在7倍以上的差距”，这些差异并不是通过好的教育背景，靠个人努力就可以轻易弥补。

因此，“70后”“80初”很多三流大学的人也都在一线城市拥有自己的房子，而不少清华、北大毕业的“85后”还在租房，并不会让人感到意外。

（4）知识转化为能力

这是一个知识过剩的时代。

因为互联网高速发展，知识本身已经不能成为稀缺资源。

不是说知识不重要了，而是说仅仅拥有知识是不够的，就像前文所说，只能解决门槛的问题。

拥有学习能力比知识更要重要，纷繁的信息面前，如何将知识转化为分析、解决问题的能力变得稀缺。一些领域如我所在的金融行业，部分人能掌握很多知识，有不错的知识结构，但仅此而已，并不一定能转换为撮合、交易的能力。

知识往往是代表过去的，能力才是面向未来的。

投资大师芒格在访谈里说过一件事：

> 在我年轻时，市中心的百货商店生意很火，提供丰富购物选择，有的还持有店铺的物业，百货商店门前就是有轨电车线路，交通便利，人流不息。
>
> 一切都看似牢不可破，难以战胜。

可是渐渐地，私家车成了主要的交通方式，顾客们搬到了郊区居住，有轨电车也消失了。

于是，购物中心取代市中心的百货商店，变成主要的购物场所。我们生活中一些简单的变化，就完全改变了一项业务的长期价值。

这样的故事，在中国过去的几年里也不断发生，以前市中心步行街的商铺价值不断下滑，新的购物中心却在不断崛起。

就像马云所说，实体经济不是不行了，是你的不行了。

为什么很多人不适应？

是因为他们普遍缺乏对未来的感知，缺乏一种跟随趋势变化的能力。通俗一点来说，就是缺乏“抬头看路的能力”。

（5）抬头看路的能力

小米的雷军有句名言，不要用战术的勤奋掩饰战略的懒惰。彼得·德鲁克提出“做正确的事比把事情做正确重要”。

过去的几年间，日新月异的科学技术——无人机的崛起，AR时代的来临，高速发展的人工智能，无人驾驶技术发展，自媒体为代表知识经济强势崛起，这一切的一切都将我们带向了一个更为复杂、高频以及超音速的轨道。

在这样的时刻，“抬头看路”比任何时候都要重要，哈佛、牛津、北大、清华毕业的背景并不能帮我们解决这样的问题。

感知这个社会，想好要做什么是头等重要的。

《浪潮之巅》作者吴军博士在最新的演讲中提到，人类即将进入一个超级智能时代（这里的智能机器并不具备人类的感情），而人类的意志和行为必然会被这个超级智能决定。他说，比如今天我们买衣服的时候，选红色还是蓝色，可能并不是我们自己决定的。淘宝和京东推荐了而你觉得很好，所以你接受了。

还有美图秀秀，它这么给你P完了照片，而你觉得很漂亮，所以你接受了。

这是弱人工智能对我们的控制。

那么超级智能将会如何影响我们的生活呢？当城市成为一个巨大机器人的时候，你的所有行为都会被预测。

携程知道你要去英国旅游，你偏好怎样的路线和旅馆；淘宝知道你除了行李箱，还需要购买什么；滴滴知道你几点几分需要打车去机场，甚至英国的租车服务都已经备好……这就是IOT，它能够跟踪你的行为，预测你的行为，把商品整合成为服务。就好比电影《生化危机：终章》终极PK时，两人近身搏斗时，爱丽丝可能的攻击行为，被大反派艾萨克斯通过人工智能早就轻易预测到了。

接下来我提一个概念——“未知的未知”。

这个概念很火，实际上是美国前国防部长拉姆斯菲尔德提出来的，意思是那些我们不知道自己不知道的事物。就像包括无人驾驶在内人工智能的发展，将对我们的工作和生活带来极大的影响，但我们很多人浑然不知。如大家熟知的投资大师巴菲特认为，无人驾驶的普及将对保险业带来巨大的影响。那些靠车险赚大钱的公司未来将会受到致命的影响。如果你在这样的公司工作你不需要未雨绸缪吗？

未来已来。

清华、北大、复旦、交大并不会赋予他们的毕业生超能力。在漫长的人生旅途中，靠参加高考这样的一次选拔性比赛取得的优势，如果没有持续不断的更新迭代能力，未来的比赛并不会稳赢！

多读书，读好书

中国人年均读书0.7本，与韩国的人均7本、日本的40本、俄罗斯的55本相比，中国人的阅读量少得可怜。

其实不需要太悲观，从我直观的感受来看，这几年喜欢阅读的人一年比一年多。

为什么要读书？杨绛先生说的“你的问题主要在读书不多而想得太多”让人触目惊心。英国哲学家培根在《论读书》中说：“孤独寂寞时，阅读可以消遣。高谈阔论时，知识可供装饰。处世行事时，知识意味着才干。懂得事务因果的人是幸运的。有实际经验的人虽能够处理个别性的事务，但若要综观整体，运筹全局，却唯有学识方能办到。”

股神巴菲特说：“每个人终其一生，只需要专注做好一件事就可以了。”而终生读书和学习，更是巴菲特的习惯和信仰。

巴菲特的最亲密伙伴查理·芒格也一样热爱阅读。我们从他的经典之作《穷查理宝典》可以充分感受到查理的阅读量之大。他说：“我这辈子遇到的来自各行各业的聪明人，没有一个不每天阅读的——没有，一个都没有。而沃伦读书之多，可能会让你感到吃惊，他是一本长了两条腿的书。”

像狐狸一样思考

公元前7世纪的希腊诗人阿尔奇洛克斯讲述了一个关于狐狸和刺猬的故事，自此之后，狐狸和刺猬成为两类人的代表：狐狸观天下之事，刺猬以一事观天下；狐狸寻求广泛的知识，刺猬向内追寻世界的根本原则；狐狸知道很多的事，刺猬则只知道一桩大事。

这两种动物，一个聪明狡猾，灵活善变；另一个恪守成式，以不变应万变。

哲学家以赛亚·柏林在1953年发表论文推介了这一区别。刺猬坚持一种普遍原则，万事万物都用一种理念来解释，而狐狸则从多个维度出发，抓住那些常常看似不相干甚至矛盾的线索，发现实际是有关联的。

然而，柏林自己也意识到，这种二分法过于简单化了，所以许知远说两者都要多一些。

在我看来，这样的区分给我们提供了一个很好的思考框架，极端的对立产生碰撞。

看得出来，许知远的“刺猬气味”还是比较多的，当然也正因为这些独特的气味成就了他。

我越来越深刻感受到，在中国现行教育体制下培养出了许许多多的“刺猬”，而缺少的是“狐狸”。

2017年8月26日，耶鲁大学校长、著名心理学家苏必德作了2017年新生欢迎演讲。在演讲中他建议大学生应该在大学期间像狐狸一样思考，充满好奇心，不停地学习新事物。

在他看来做狐狸可以多学习不同的思想，多考虑不同的观点，尽量都去尝试一下，最后再决定什么是最适合自己的。

而不是过早地封闭自己，做选择题。国内的应试教育为什么这么多年一直被诟病？就是因为如此。

很多人问我，学费那么贵，还要不要去读个MBA或EMBA？

我一般是持鼓励态度的，你不去多看看外面的世界，怎么颠覆自己固有的认知！

MBA、EMBA学习形成的圈子，可以是认知升级的一个比较好的方式。

会“模仿”是最好的学习方法论之一

作家熊培云在《思想国》中说：文化如人，在交合中诞生，在交流中上升。几年前我在法国大学课堂里第一次听到了《我的美丽杉树》法语圣诞歌时如坐针毡——其曲调竟然和我南开母校的校歌一模一样！我当时觉得很羞愧。

然而，在我对欧洲文化有了更多接触之后，我认为这是件可以引以为荣的事情。它是东西文化合璧的一种象征。举例说李叔同的《送别》，该曲原出自美国曲作家John Pond Ordway（1824—1880）的《梦见家和母亲》。

后来，日本词作者犬童溪为此填写《旅愁》，“西风起，秋渐深，秋容动客心。独自惆怅叹飘零，寒光照孤影……”不难发现，李叔同几年后所填《送别》深受《旅愁》的影响。据传此曲在日本填词已经超过百余种，然而李叔同一词既出，以一当百。有井水处，皆有“长亭外，古道边”。《送别》没有因为西洋音乐破坏中国的文化传统。相反，它极大地丰富了中国的文化，让所有的后来者感恩。

莫言先生在分享写作经验时也提到，每个人必定找到自己的方式，无非离不开：第一是阅读，第二生活，加一条就是冥思苦想，再加一条就是反复地磨炼，如果再加一条就是从模仿开始。要想进行小说创作就要从模仿开始。

鲁迅先生的《狂人日记》有模仿果戈理的痕迹，但他后来形成了自己独特的风格，成为文豪。

日本人也很擅长模仿，如今很多一流的日本企业比如丰田都是从模仿中发展起来的。丰田是模仿美国的福特汽车发家，但它同时创造并完善了“看板管理”，精简了过多的零部件库存，后来成了其他车企包括福特的学习对象。

再比如我前面提到的“戴明环”（PDCA）是美国人戴明发明，却是在日本的企业中发扬光大，然后又“出口”到美国。本书中我多次引用的管理大师德鲁克思想起初在美国并不受重视，也是先受到日本人的重视、运用、演绎，然后被中国发扬光大，最终回流到美国引起重视。

另一方面，思想的传播、演绎产生的效果反过来促进了原生体系的发展，就像熊培云先生所说，“在交合中诞生，在交流中上升”。

借鉴模仿的意义从来不是儿戏，就像阅读，除了娱乐功能之外，实际上我们也在“窥探”他人的体验。从这个意义来看，一本好书的意义不亚于一场酣畅淋漓的旅行。

而最近十年内中国企业老板及经理人非常热衷到国内外参观考察，和西方人强调的最佳实践如出一辙。只是一部分人学的是“面子”，一部分人学的是“里子”。

德鲁克先生认为企业只有两种核心功能——营销和创新，而中国企业一直被认为缺乏创新精神与能力而被称为模仿者，甚至模仿都谈不上，被称之为完全的山寨。

但经过这么多年发展，一大批中国的企业家将创造性模仿能力发挥得淋漓尽致，创造出了华为、腾讯等世界级的企业。

这也证实德国思想家歌德说过的话，“聪明的年轻人以为，如果承认已经被别人承认过的真理，就会使自己丧失独创性，这是最大的错误。”

但这些成功的企业家、大师也告诉我们，仅仅是模仿远远不够的。因而，大师齐白石曾经说过，学我者生，似我者死。大家喜欢的星巴克在创立初期，创始人舒尔茨曾经观察了500家咖啡店并拍照摄影，努力想在美国再现真正的咖啡店——所谓意大利风格的咖啡店。就是站着喝咖啡，意大利文的菜单，音乐是歌剧，装饰也是意大利风格，招待穿白衬衫打领结。

可是实现了这些之后，舒尔茨发现完全的照搬模仿也未必是好事，因为客户给出了答案。舒尔茨后来将星巴克定位成人们的“第三场所”，因为第一场所是家庭，第二场所是职场。实际上发展到今天，这样的定位已经有了很大变化，对某些人而言星巴克已经是类似职场那样的场所。

可以模仿，但不能照搬，在创新中需要自己的理解和演绎，将之变成独特的“自我”。腾讯、华为、丰田、星巴克践行了这样的逻辑，取得了今天的成功。

从模仿起步，但不止步于模仿，要着力于创新。

模仿代表过去和现在的强者，创新才会超越，才有可能拥有未来。

一年读100本书的心得

那么，一年完成阅读100本书，是不可能完成的任务吗？对我而已，很简单。

因为我相信毛姆这句话，养成阅读的习惯等于为自己筑起一个避难所，几乎可以避免生命中所有的灾难。从书中学习，我认为是性价比最高的学习方式，没有之一。

这是我内在的动力和价值观。接下来，分享我的方法：

（1）读书——先有量，才有质

我经常和一些能人交流，在深度交流过程中，我发现一个共性，就是大家普遍学习能力强，爱阅读，即使不是博览群书，也一有时间就手不释卷。

360公司创始人周鸿祎每年读书在百本以上，Facebook的CEO马克·扎克伯格，微软创始人比尔·盖茨的阅读量也都非常大，而特斯拉创始人马斯克的一年阅读量超500本，阅读范围更是涵盖科幻小说、哲学、宗教、编程、科学家工程师和企业家传记等各种领域。

（2）目标管理

管理大师彼得·德鲁克20世纪50年代提出了经典的目标管理，直到现在经久不衰。

要完成阅读100本书的目标，也需要用到目标管理。我们需要将目标进行分解，如果阅读任务都压在年末，一是完成不了，二是即使完成了效果也不会好。

我的具体做法倒没有分解到月，而是分解到季度，这样就拆分成了4个分解小目标。具体分解如下：

一季度完成20本，二季度40本；
三季度40本，四季度20本。

目标总数是120本，是留有一些余地。我的全职工作一般是年头、年末会忙一些，所以读书任务就设定少一些；而年中会相对闲一些，任务也就多设一些。

因此，每个人需要根据自己的具体情况进行不同的分解。

另外，半年度需要总结回顾，和我们工作中设定KPI一样，上半年的指标会重一些，给下半年留有余地。

（3）最大化利用时间阅读——碎片时间和集中时间相结合

因为有全职工作，平时上班时间可以看书的时间并不多。但是，午餐时间，工作日的晚上，周末及节假日，出差在外可以利用的时间还是非常多的。

- 午餐时间

我一般午餐会一个人解决，一是利用这段时间和家人朋友打电话；二是可以看电子书，目前用得比较多的是亚马逊Kindle。

基本上每天中午阅读时间能保持在20分钟以上。

- 工作日晚上

虽然工作比较繁忙，熟悉我的朋友知道，我的管理模式是能够授权的工作尽量授权下属完成，工作的重心不会放在具体的事务性上面。

即使加班，我也可以通过边阅读边思考，同时管控下属工作进程的方式进行。

如果没有加班，除了陪伴家人及适当应酬以外，很少会看电视。平均来看，每日至少会有1.5小时以上的阅读时间。

- 周末及节假日

周末及节假日是集中的阅读时间。除了外出活动，我一般少量看一些电视节目，大量的时间会用在阅读及看电影上面。比如，这几年，一般我在春节假期至少看10本书以上。

另外，在教室外等待上兴趣班小孩的时间，也是较好的阅读时间。

● 出差旅途中

出差期间也是我比较集中的阅读时间，也是最为享受的阅读时间之一。在机场候机及在飞机上、高铁上，实际上有大把的时间可以用来阅读。

基本上每次两天以上的长途出差，阅读量会在两本以上。

（4）找到阅读的内驱

不要将“忙”作为不阅读的借口，时间对每个人都是公平的，借口忙不读书，只是不愿意放弃看电视、打牌、游戏、闲聊的说辞而已。

莎士比亚说：“三代培养不出一个贵族。”

不过，有一条路是通往高贵最低的门槛——读书。

三毛也曾说过，读书多了，容颜自然改变，许多时候，自己可能以为许多看过的书籍都成了过眼云烟，不复记忆，其实它们仍是潜在的。在气质里，在谈吐上，在胸襟的无涯，当然也可能显露在生活和文字里。

读书，可以给我们提供另外一个广阔的空间。就像诗人艾米莉·狄金森在《没有一艘船能像一本书》中写的：

> 没有一艘船能像一本书，
> 也没有一匹骏马能像
> 一页跳跃着的诗行那样，
> 把人带往远方。

这渠道最穷的人也能走，
不必为通行税伤神，
这是何等节俭的车，
承载着人的灵魂。

第五章

完美蜕变策略：从量变到质变的四项思维成长

如何用有限的时间和精力，完成从量变到质变的转化？抓住重点，是高效能人士的必备能力。从时间管理到精力管理，找到自我驱动的内在力量，积极沟通善用影响力，以结果为导向，转变你的思维，改变你的行为，从量变到质变反复做这四点就够了。

一　从时间管理到精力管理，管理好“猴子”

时间管理的方法论有很多，经典的如史蒂芬·柯维博士在《高效能人士的七个习惯》中介绍的四象限时间管理方法，弗朗西斯科·西里的番茄工作法，彼得·德鲁克的时间管理方法，等等。

管理好你的“猴子”

小威廉·翁肯和唐纳德·沃斯1974年所写的《解放时间：谁背着猴子》是发表在《哈佛商业评论》有关时间管理最经典的文章之一。

这篇文章开门见山就提出为什么管理者总是觉得时间不够用，而下属们却经常是早早完成了工作。

小威廉·翁肯和唐纳德·沃斯对管理者的时间管理进行了分类，并提出管理者被下属占用过多时间用于解决下属的问题时，自己却对此浑然不觉，并形象地称之为“背着的猴子”。

1）受上司支配的时间。用于完成上司下达的工作。对于这些工作，管理者们不能置之不理，否则很快会受到直接处罚。

2）受组织支配的时间。用于积极满足同级人员要求支持的请求，忽视这些请求会受到惩罚，尽管惩罚并不总是直接或迅速的。

3）由个人支配的时间。用于完成管理者们自己提出或者同意做的事情。不过，其中一部分时间会被下属占用，被称为受下属支配的时间。剩下的时间归管理者自己，被称为自由支配的时间。管理者在这一段时间内完成工作的情况不会受罚，因为上司和组织都不知道管理者最初打算在这些时间内里做什么。

这篇文章启发了很多管理者，管理者纷纷考虑要摆脱“背上的猴子”。经过这些年的发展，需要管理好自己的“猴子”不仅仅是经理们的问题，而是所有人的问题。

柯维博士认为这篇文章的出现引发了一场具有重大意义管理风格的改变，从命令向授权转变。

如何将猴子交还给他们真正的主人？小威廉·翁肯和唐纳德·沃斯和柯维给出了以下建议：

（1）约定好解决问题的时间

不要在临时场合讨论如何解决某个问题，如在走廊里，这样不够正式。

（2）确定下属主动性的层次

下属在解决工作中的问题时，会表现如下从低到高五个层次的主动性：

A 等待指令；

B 询问该做什么；

C 提出建议，在获得你的批准后付诸行动；

D 主动行动，并立刻向你汇报；

E 主动行动，然后通过常规程序定期汇报。

当下属想让你参与某个问题的解决方案时，让他们不要止步于第一、二层，而是采用三层以上的主动性。

（3）确定汇报时间

在决定了行动方案的实施步骤后，与下属共同确定将在何时何地汇报进展情况。

（4）审视你自己的动机

在鼓励下属表现主动性时，有些管理者会产生一些焦虑，担心这样自己比较脆弱或者能力不足。实际上，你需要培养内心的安全感，放弃对员工的控制。

（5）发展员工的技能

当下属解决问题的意愿和能力不足，他们就会设法逃避。因此，你要帮助下属发展解决问题的技能。刚开始，培养下属会比你自己解决问题更耗费时间，但是长期来看将节约时间。

（6）培养信任

在激发下属的主动性时，你要和下属建立一种互相信任的关系。为了培养信任，你要允许他们犯错。

需要时间管理的不仅仅是管理者

上一节我们谈了管理者的时间管理，实际上，需要管理好自己"猴子"的不仅仅是管理者，没有管理职责的员工也需要，而且十分有必要。

为什么先讲述管理者的时间管理，因为"背上的猴子"这个概念非常形象，有助于我们进一步论述。

对于没有明确管理权限的员工而言，如何分配好自己的时间和精力也是非常关键的问题，对日程单上的各项任务如何排序，往往决定了自己的工作绩效高低。

我们上一节谈到建议管理者将自己的“猴子”抛给下属，下属对于上级安排的工作如何处理，本质上就是一个时间管理问题。

那么员工如何合理安排自己的时间，对工作进行排序？我的想法是学习从工作的重要程度和需求这两个维度进行排序。一般而言，客户、老板的需求要优先于其他的需求。

面对跨团队的合作，要学会将自己“背上的猴子”交出去，而不是承担过多不应该承担的责任。否则，就会出现很多职场人抱怨自己付出很多、加班很多，但是老板认可很少的窘境。久而久之，甚至有可能被末位淘汰掉。

番茄工作法

番茄工作法最大的好处用一句话来概括就是“简单易行”。就是把每日待完成的工作任务分割成为若干个“番茄时间”来进行，每个“番茄时间”设为25分钟（因人而异，可再长一些，也可以再短一些），在25分钟内专注工作，中途不允许做任何与该任务无关的事，直到番茄时钟响起。

25分钟后，可短暂休息一下，约5分钟。核心目的便是更好地管理我们的工作时间，从而极大地提高日常工作的效率。通过这种方法，也有助于缓解我们办公室职员常有的颈椎疾病。

主要规则如下：

- 一个番茄时间共30分钟，包括25分钟的工作时间和5分钟的休息时间；

● 每完成四个番茄时间，就进行一次较长时间的休息，大约15至30分钟；

● 一个番茄钟是不可分割的，一旦开启就必须坚持到底，如果打断，就视为此番茄钟作废；

● 如果一项任务估值大于5至7个番茄，那就将这项任务分割为更小的任务；

● 一个番茄接着一个地做下去，就会做得更好。

（1）一次只做一件事

你只有一双脚，不能同时跳两场舞。在番茄工作时间段里，建议在25分钟内（因人而异，可再长一些，也可以再短一些），集中精力处理一件事情。

建议每个人使用这种方法前可以先问自己5个问题：

A 什么让你半途而废？

B 在哪些地方读书，更容易让你集中精力？

C 你是怎样逃避做无聊琐事的？

D 通常哪类活动会让你花费的时间超过预期？

E 你的时间是否经常被事务性活动填满，即使有更重要的事要办？

找到自己的特点，然后针对性解决注意力不能集中，比如爱刷微信的毛病。

（2）中断策略

即使一个番茄钟只有25分钟，仍然会有干扰将我们所专注的工作打断，迫使我们为环境切换付出代价。

建议的方式是：首先接受它，然后记录它，然后立即继续你手头的工作，避免真的被打断。

值得注意的是，如果打断的事情特别重要，比如客户或上级安排的重要紧急任务，该打断还是要打断，不要教条。

番茄工作法简单易执行，实际上就是一个PDCA循环。我们可以每天早上确定要做哪些工作，跟踪什么。然后贯穿全天的是跟踪事件，在表格内笔记。在每天结束时，将当天的跟踪数据与最近几天的数据以及事先的期望值进行比较。

刚开始使用可能不是很习惯，但坚持一定天数（至少30天），慢慢就会变成你的习惯。

做好规划是最好的时间管理方法论

做好规划，不慌不忙

经常会发现一些毕业刚入职的新人，乃至有工作多年后的职员也会这样——做事慌慌张张，缺乏专业人员的笃定和从容。

这其实与性格是否急躁没有过多关系，更多的是没有良好的做事方式，没有践行好孔子所说的“人无远虑，必有近忧”，意思是人如果没有长远的考虑，就一定会有眼前的忧患。

眼前的忧患怎么理解？

这个包含的范围很广：比如一些以前非常风光的职位有一天突然消失了，这几年一些500强的企业扁平化后取消了很多中层职位；比如一些行业被新行业替代了，像传统摄影技术等；也包含一些人平时不注重储蓄，突然发现生病都没有钱治疗，等等。

做事慌里慌张的员工，因为没有提前做好计划，留好余地，做事也就不会有底气。

即使做一项简单的统计工作，如果需要其他部门的同事配合，就需要给他人和自己留有时间准备，并留有余地。同时需要在合适的时间和方式对他人进行提醒、沟通，确认相关信息。

VUCA时代，规划依然有意义

国家在做十三五规划，很多企业也在做五年计划。在这样一个VUCA时代，这样长的规划究竟能发挥多大作用很难评估，但至少这是一个我们思考未来很好的机会。

我记得10年前，曾在以前公司多次参加有关公司2020会怎么样的会议。现在回想起来，因为离职多年，我不知道当时的规划已经有多少实现，多少已经成为完全的空想。

但我依然相信规划的力量。我记得在2011年的时候，也曾配合过现在所在公司的领导做过一份5年规划，现在看来我们当时总结出来的一些规律，一些远景其实并非遥不可及。

我的时间管理方法论——从时间管理到精力管理

我给大家介绍我在践行的时间管理方法论，关键点是从时间管理到精力管理，也可以概述为“既快又不快”。

“不快”是因为我们精力有限，所以不应该贪多求全，每天只抓一两件重点工作；“快”是指事务性的工作按照“日毕”的标准要求自己，小事快速反馈、快速处理。

这看起来和柯维博士在《高效能人士的七个习惯》及同名培训课程里提出的经典四象限时间管理方法不太一样。

的确如此。

大家都知道，重要紧急的事情要优先处理，那么不重要的事务性工作什么时候去做？很多事务性工作对你的岗位或者你个人而言不重要，但这等于对其他寻求合作或者帮助的人不重要吗？

思考好了这两个问题，你或许会有不一样的收获。

按照彼得 · 德鲁克的观点：所谓的时间管理是指在你完全可以自由支配的时间里，你怎么安排你的时间和精力。

一般这样的时间并不多，通常在晚上或早上起床到上班前的一段空余时间内。而在工作时间里，实际上我们的选择并不多，我们都在被流程推动着前行，上级如此，一般员工也如此。上级推动更高上级的流程，下级推动上级的流程。

在工作时间，我们可以做的选择是在所列出需要完成工作清单中进行排序，我的建议是选择出一两件相对重要且紧急的事情重点去做，而处理这一两件重点工作空档期间，随时处理可以快速反馈、快速处理的事务性工作，比如回复微信、邮件咨询、发通知、发邮件、寻求他人帮助等。

每天集中精力处理一两件重点工作看起来不多，积累一段时间后，如果执行得好，你会发现工作成效是很惊人的。一个又一个小目标的达成，累积起来就是高绩效。

而且，对于可以快速反馈、快速处理的事务性工作马上反馈，也不会忽略或忘记一些应该反馈的事情，减少脑带宽。

回到德鲁克关于时间管理的观点，我们通常可以自由支配的晚上或早上起床到上班前的一段空余时间，你会怎么安排？

现在很流行的要balance工作与生活这样的观点，所以是不是必须牺牲掉休息娱乐的时间呢？

我的看法是因人而异。

如果你要追求卓越，将你的工作做到A Level，建议你可以时不时拿出一整段时间来做一些重要但不紧急的工作，比如写企划案。这段时间，因为一般没有人打扰，因而显得尤为珍贵。你和你的同行们，起关键的差异往往是如何利用这段时间。

接下来，还有几点比较重要：

（1）报告、方案、统计按照时间表，晚上或周末提前做

因为白天光电话、短信、微信要回复上百个，压根静不下心来。即使做，效率也会比较差。

（2）需要沟通协调的工作提前沟通

同时一定要留出充分的量，提前把“球”踢出去。

（3）练好基本功

一定要找到提高效率的方法，请教资深员工或者自己研究都可以，不断找到可以提升效率的工具和方法论。

二 从驱动力2.0到3.0，发挥由内而外的力量

绩效管理的系统性理论虽然由西方国家提出，但绩效考核的实际运用在中国自秦朝至今已有数千年的历史。我们知道，绩效考核并不是终极目的，通过考核提升组织、团队或个人产出，从而最终实现组织的战略目标才是根本。

那么什么是高绩效的驱动力，几千年的实践似乎并没有给出标

准答案。有全球50位最具影响力商业思想家之一之称的美国人丹尼尔·平克先生在其所著的《驱动力》中给出了一个答案。

他认为：人类的第一个操作系统称为驱动力1.0，几乎都与生存有关；而驱动力2.0围绕着“奖励和惩罚”构建；驱动力3.0则认为真正驱动我们的是“自主、专精和目的”三个方面。

（1）自主

除非是一人公司或个体户，企业内部不可避免会涉及团队合作，那么自主和团队合作是不是存在矛盾？我认为“自主”更多强调员工在各自的岗位上完成工作职责、工作任务的内在驱动，团队合作也属工作职责之一，而不仅仅是因为外在的金钱或物质刺激，或者是因为惧怕被处罚。

中国明代思想家吕坤在其作品《呻吟语》中提出：“深沉厚重是第一等资质；磊落豪雄是第二等资质；聪明才辩是第三等资质。”日本稻盛和夫先生对此理解是人格第一，勇气第二，能力第三。由此可见，对人对事的态度及担当精神比能力排序更为靠前。通过“大棒、胡萝卜”政策办不到或办不好的事情，如果能更好地驱动、引导员工自主自发将事半功倍，取得更好、更高的绩效。

（2）专精

专精定律要求我们：只有专精在一个领域，才能有所发展。所以无论你做任何工作，都要把做该领域的最高、顶尖作为目标。只有当你能够专精的时候，你才会在所做的领域出类拔萃。

我在前面章节提到过的畅销书《异类》提出的1万小时定律：人们眼中的天才之所以卓越非凡，并非天资超人一等，而是付出了持续不断的努力。只要经过1万小时的锤炼，任何人都能从平凡变成超凡。

总之，只有专精在一个领域，并把该领域的最高、顶尖作为目标，并持续不断地努力，经过1万小时以上也就是5年以上的付出，你就能从优秀到卓越。

（3）目的

利润最大化是大部分企业设立的主要目的，但是不是全部？

这需要我们去思考，备选答案可能还有：为客户、公司、员工、社会创造价值。所以，是不是将上述几要素达到和谐共赢作为核心目的或因素也是我们事业能否成功的关键驱动因素。

对于团队而言，不管规模大小，目的共鸣也是团队能成功的关键要素之一，不管是有形的或是无形的目的，它都将是指引团队方向的明灯。苹果公司的宣言是：比起赚钱，苹果更注重打造优质产品。这就是苹果的目标，事实上我们看到了——他们做得非常棒。

从另一个角度思考，公司要将价值分享真正落实到日常工作上，就必须遵行目标管理的构造，有效设定目标机制，建立团队共鸣。

从驱动力2.0到3.0的跨越不是舍弃2.0，而是系统的全面升级。我们需要更多从提升绩效的内在驱动也就是“自主、专精、目的”三方面入手，最终打造由内而外的赢的文化。

三　从积极沟通到影响力制胜，不战而胜

我们一直强调沟通的重要意义，这当然不仅仅体现在执行层面。提升执行的效率，善于沟通的价值不仅仅是事半功倍，很多时候就是决定性的作用。

如何通过沟通进一步提升影响的半径和效果，这个话题需要在沟通的基础上进一步升华和探讨。

学会“用词”

这并不是说我们准确地表达意思就达到目标了。学会“用词”从沟通的层次是一个要求，而从影响力的角度则是另外一个维度。

先从我们经常说的会说话——赞美——说起。

家长都知道，小孩子喜欢的老师，不一定专业性有多强，一定是对他们肯定、赞美更多的老师，无论是3岁，还是13岁。

虽说赞美无往不胜，但赞美是个技术活，不恰当的赞美只会起反作用。

恰当的赞美——需要注意以下三点：

（1）大致了解赞美对象的个性特点

有些人并不喜欢过于直白的赞美，甚至会反感。对于这类人，感恩、感谢、赞扬需要在他关注的点上，尽量不露声色；

有些人喜欢直来直往的赞美，高调一点也无妨。

尽量了解赞美对象，做到有的放矢。

（2）赞美要有具体内容

赞美要放在具体细节、行为、结果上，不要言而无物；

（3）赞美要避重就轻

这个“重”，是指如果别人已经赞美过的点，你再赞美效果一般不好；就“轻”，就是选择别人没有赞美过的点来夸。

赞美为什么会产生如此奇妙反应，在有影响力教父之称的罗伯特·西奥迪尼的新作《先发影响力》中有专业的论述。

从沟通到影响的“跃进”

罗伯特·西奥迪尼在这本畅销书的开头分享他的亲身经历。

西奥迪尼本来打算去一所知名商学院做客座教授时完成《先发影响力》的写作，就在出发前一个月，他正打算和副院长商量一些琐碎的事情，比如紧挨同事的办公室、秘书的协助、电话、停车位、图书馆使用权限等。就在此时，副院长说："我有好消息告诉你。我能搞到你想要的办公室，电脑的性能比你要求的还强劲，秘书、图书馆、停车位和长途电话，什么都不要担心，我们全部帮你办好。"

西奥迪尼向他道谢，心怀感激。副院长停顿了一下，又说，"你也可以帮帮我们。我们刚好缺个人给MBA学员上专业营销课。我为这件事头疼，如果你能任课的话，那真的是帮了我大忙。"

西奥迪尼知道，要是答应他的要求，他的写作计划就要泡汤了，因为他需要花费很多时间来准备一套课程、教材、阅读材料、作业、考试，这些西奥迪尼以前都没有，他也没有给MBA学生授课的经验……

不管怎么说，西奥迪尼还是答应了。在刚刚向对方表达了诚挚的谢意之后，西奥迪尼实在找不到其他恰当的选择。在刚刚"表达谢谢"的这个被西奥迪尼称为"特权瞬间"的时刻，他做不到拒绝。

西奥迪尼认为副院长前面所说的所谓先发行为在他身上制造了转瞬即逝的顺从，使他无法拒绝。这个时刻有两种含义：一是有时间限制的区间，就是开关制造的时间窗口，这时候提议的力量最大；二是指物理学层面的意义，指的是带来全新运动的杠杆力量。时间和空间的这两种互相契合的维度，能带来第三种维度，即心理上的极大变化，从而制造了特权瞬间。

这就是从沟通到影响的跃进的力量。

如何从沟通到影响

先举一个例子。沟通学家桑·博尔坎和彼得·安德森在超市里做实验，找人做问卷。采取两种方式，一是直接找人做问卷。二是先提问“你认为自己乐于助人吗？”，再求助。

实验发现，前者的成功率是29%，后者的成功率是77.3%。

那么，如何构建这样的超级影响力？西奥迪尼认为要让受众从一开始就把关注点放在与尚未达到的信息有关且一致的概念上。

找一个跟该行动有着强烈正相关的概念，在请求协助之前，把这个概念带入信息接受方的脑袋里。实验发现，关联度越高，效果越好。比如广告商一直使用这样的手段，好看的风光、好看的模特、受欢迎的名人，接着将之与产品放在同一段广告内展示，创建联系。

这个关联是可以建构出来的。回想一下经典的巴甫洛夫的狗的条件反射实验，铃声和食物之间并不存在天然的联系，事实上两者没有任何联系，只不过狗频繁地体验到两者同时发生。等配对的次数足够多，两者的联系被强化，摇铃就能够让动物自发地为进食做好准备，也就是流口水了。

驯兽师为什么这么神奇，可以搞定凶猛的狮子、老虎等凶狠动物？也是采取类似手段。

行之有效的影响力技能，不仅仅限于良好的沟通技能，非语言也发挥着极其重要的作用，表情、语调、姿态、形态或其他运用都会增加或降低影响力。前面所举的巴甫洛夫的狗的条件反射实验就是通过非语言的方式达到影响的目的。

美国思想家拉尔夫·沃尔多·爱默生说：“人的生命是一个自

我演进的循环过程，从微乎其微的环，一路走来，不断增长，永无止境。每代循环的演进程度都取决于个人的精神力量。”这本书谈到的所有个人精进的理念和方法论，都有助于我们发挥自身影响力。

本书在第二章提出的方法论如TNB，根据问题（Trouble），找出需求（Need），提出合适的利益或方案（Benefit），就是一种发挥影响力的有效手段。

一般而言，为有效运用影响力。首先，需要明确目的，即影响力实施目标；其次，要考虑受影响一方及双方目前的影响关系。同时，也要考虑具体的环境，包括个人的、团队的、文化的或可能影响结果的外部因素及问题；然后，选择在该环境下最有效的策略及行为，以及实现的具体方法。

接下来，我给大家讲述一个我亲身经历的案例。

2016年夏天，我陪家人在香港迪士尼玩，很多项目进行过程中，一些游客一兴奋就喜欢站起来，从安全角度出发，园方规定游客站起来是不可以的，于是大部分工作人员都是照本宣科地通过喇叭喊“坐下，坐下”。

的确，这些工作人员做得没错，也是工作职责。

我们玩一个海盗船水上探险项目时，导游是一个叫小吴看起来有些微胖的香港女孩。

她先来了一段自我介绍，说了不可以站立等注意事项。因为是探险项目，大家兴奋得大呼小叫，手舞足蹈。

她看到游客站起来的时候：“游客朋友们，你们是不是很开心呀？”

大家齐呼：“开心。”

“那么请大家帮我一个忙好不好？”

我在纳闷我们能帮什么忙时，原来她是通过这样的沟通方式让站着的游客坐下来。

四　从过程管理到结果导向，用“成果”来承诺

管理过程还是管理结果重要，大家会有不同看法。有人提出，可以量化的，我们管控结果；无法量化的，我们管控过程。这样区分过于简单粗暴。我的看法是提升执行变现的中心从过程转到结果导向。

没有结果只有过程的付出和努力精神可嘉，但是贡献是不值得一提的。我们很多人喜欢用“没有功劳，也有苦劳”这样的话语来推卸责任。

没有结果，就不应该有激励，而更多应该从约束层面来处理。

正如德鲁克强调的“正确方式做事”和“做正确的事”之间的区分，前者更多是过程管理，而后者是结果导向。

正确方式做事，事情做得再漂亮，如果对组织绩效没有帮助或者方向错了，就不会有产出，更何谈功劳！

结果导向不是以自己的绩效来衡量，而是以更高层级的绩效来衡量

我在第二章里引用了彼得·德鲁克关于石匠的例子，大多数管理者，在德鲁克看来和第二位石匠一样，只关心自己的专业。对于专业人员而言，达到高技术水准是很重要的事情，他们追求的目标

是成为全国最优秀的石匠。

但是，这种努力提高专业水准的做法也会带来危险，可能导致我们的远景和努力偏离了企业整体目标，而把职能性工作本身当成目的。我们看到，太多部门的经理只在意自己是否达到专业水准，而不再根据部门对于企业的贡献来评估自己的绩效……

德鲁克进一步指出，除非能加以制衡，否则部门经理追求专业水准的合理要求，将成为企业分崩离析的离心力，致使整个组织变得十分松散，每个部门各自为政，只关心自己的专业领域，互相猜忌提防，致力于扩张各自的势力范围，而不是建立公司的事业。

随着技术变迁的加速，德鲁克认为将技术或部门职能本身当成工作的目标的倾向也会愈演愈烈。

实际上，我们在设定绩效目标时，应该向上负责，而不是向下负责。也就是说，每位员工的工作目标必须根据他对上级单位的成功所做的贡献来决定。

员工的绩效要与他所在小组的绩效挂钩，而小组的绩效要与所在部门的绩效挂钩，部门的绩效要与他上级所管辖条线的绩效挂钩……

每一层级的绩效对于上一层级都是过程管理，而衡量绩效的标准应该是结果。对于可以量化的指标而言，如销售部门的员工，最核心可以衡量的结果是数字，即销售金额。不仅仅是自己的销售金额，也要与整个部门的销售业绩进行挂钩。

强调结果导向，不是将此与过程管理对立

华为公司花大价钱从国外先进公司如IBM等引进管理体系，这

个体系很大一部分就是流程管理相关，如财务流程、人力资源流程。

同理，500强公司为什么可以将公司开到全世界那么多国家？

那是因为这些跨国公司有标准的制度和流程体系，这个体系就是过程管理，对结果产出有非常重要的作用。

所以，我们不应该将过程管理和结果管理对立起来，没有过程就没有结果。我们如何衡量一个组织、一个团队、一个人，更多应该从创造的成果来衡量，而不是根据主观的标准如道德层面来进行评价。

管理就是承诺

我们很多人认为管理者有位置，因而有职权，但不仅如此，彼得·德鲁克对管理的一个经典描述就是他认为“管理就是承诺”，这个“承诺”包括我们在前面多次强调的“目标”，也包括“具体的行为或措施”，以及“合作”。

最重要的是，管理者要对“结果”进行“承诺”，我们不仅仅要回答“做什么”的问题，更要回答“做到什么程度”的问题。这个结果不仅仅包含自己的所“承诺”的目标是否达成，也包括整个团队的绩效目标，以支持组织的绩效目标的达成。

附录

助你实现人生进阶的十个工具

附录列出的十个工具，涉及管理、沟通、问题解决方案等方方面面，应用广泛。如果能充分利用这些工具，不论在职场还是日常，打工还是创业，做上级还是做下属，都会让我们受益无穷，人生进阶之道尽在其中。

一 PDCA

PDCA循环由美国人戴明发明，所以又称“戴明环”。这个工具的用途非常广泛，虽然源自质量管理，但应用于工作管理如销售管理、人力资源管理、财务管理，和团队协作等诸多领域都是非常有效果的。

这个工具在自我管理方面也可以用到，可以用来自我检查、自我评估，不断反馈，循环上升，可以以月、周，甚至日为单位进行PDCA循环管理。

PDCA循环一个简单但却很好用的管理工具。从计划、执行、检查到评估，形成一个闭环。PDCA循环是单词Plan、Do、Check和Action的首字母缩写，分别代表计划、执行、检查、处理。

P（Plan）——计划：方针和目标的确定，以及整体规划的制订；

D（Do）——执行：根据已知的信息，设计具体的方法、方案和计划布局并执行；

C（Check）——检查：总结执行计划的结果，分清执行中的过与得，明确效果，找出问题；

A（Adjust）——处理：对总结检查的结果进行处理，对成功的经验加以肯定，并予以标准化；对于失败的教训也要总结，引起重视。

以上四个过程不是运行一次就结束，而是周而复始的进行，一个循环完了，解决了一些问题，未解决的问题进入下一个循环，这样阶梯式上升的。

PDCA循环是非常强调目标、执行和反馈的，缺一不可，其核心理论是：

1）目标导向：大环套小环，小环保大环，推动大循环；

2）反馈机制：不断积累总结、不断提高。

二 TNB

我们通过商务面谈，期待和客户达成共识，签订合作合同。但是要完成这样的成果，有一个步骤是必不可少的，那就是准确地了解到客户需求,帮助客户解决问题。

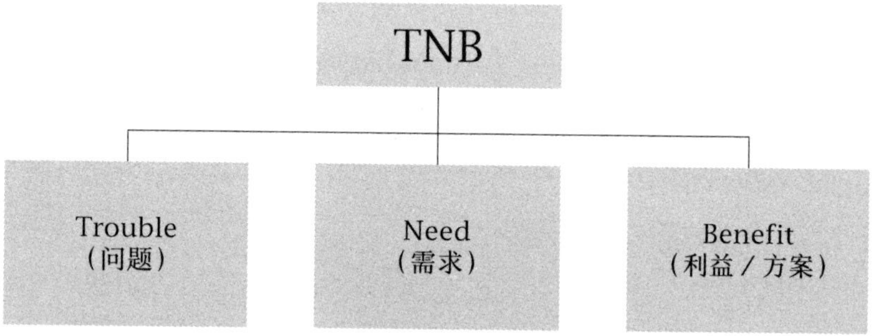

这里推荐一个工具叫TNB。基本的逻辑是先了解我们存在的问题，然后分析出对方的需求，最后一步是给出解决方案。这个解决方案需要在平衡对方利益点基础上做出。

三　FAB

FAB法则对应Feature、Advantage和Benefit三个单词，即特征，优势，利益点的法则。可以和前面推荐的TNB相结合使用。

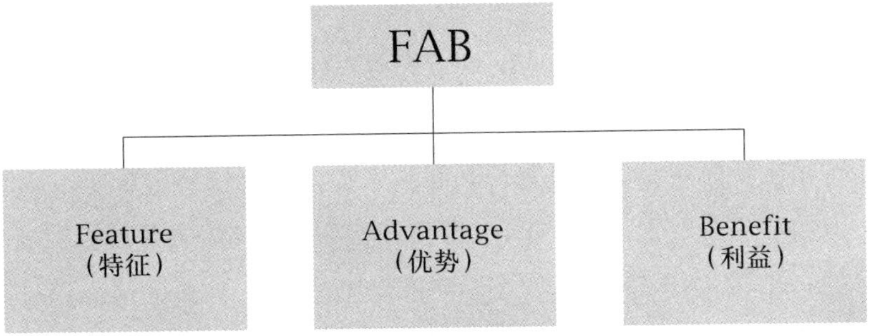

按照这样的架构来推介，就是说服性演讲的结构，它达到的效果就是让他人相信你的就是最好的。

假如我们要卖一款面膜出去，我们究竟应该如何说服他人购买？举例如下：

面膜的特征

面膜的最重要特点，比如含多少种营养成分，是什么大师或团队花了多少工夫研发出来。

面膜的优势

相比其他面膜排他性的优势，别人有我有，但别人没有我也有，别人有我更好等。

面膜给客户利益点

比如方便，让皮肤更好，预防作用，和某大牌明星用同款面膜的荣耀感等，最好用实例说明谁用了面膜带来的变化等。

四 黄金圈法则

黄金圈法则的思考顺序是“从内向外”，也就是按Why—How—What的顺序思考。

第一步，在最里面的Why圈层思考为什么

如你为什么要生产电脑？你怀着什么样的信念？你的机构为什么而存在？你每天早上是为什么而起床？

如苹果公司经典的1984广告。1984年1月24日是计算机发展史上的一个重要里程碑，那一天苹果电脑发布了全新的Macintosh（简称Mac）。这是世界上第一台采用图形用户界面的个人电脑，与当时采用DOS命令行纯文本用户界面的IBM PC形成了鲜明的对照。

这个广告就是典型的利用黄金圈法则的产物，由内而外，建立全新的认知，告诉客户苹果为颠覆而生。

第二步，思考How

只有想明白了最内圈层的Why，第二步才是思考中间圈层的How，也就是怎么做。

How这个圈层就是要梳理如何实现Why，用什么方式落实你的理念、价值观。

第三步，思考What

如果Why和How梳理得清晰，那What圈层“做什么”就是水到渠成的结果了。

这个法则在提升效率、改善沟通方面也很有帮助。如我们作为下级，要尽快给老板说明为什么采取这样的方案，方案是什么，如何执行；给原因，也要给利弊，更要给老板选择；做上级时，工作安排要尽量告诉下属为什么，而不是直接发号施令，这么做的好处下级理解了，执行效率会高，偏差度也会低。

我们在和客户沟通时，也可可以充分利用这一法则，如客户不配合时，我们可以给客户解释需要他们这么配合的原因，我们已经采取怎么样的措施减轻刻客户的负担。

黄金圈法则的思维结构也可以用在我们工作汇报、工作指示等方面。

五　运用同理心的三个具体方法

（1）同理心表达

像正文提到的同理心动画短片中的大熊一样，主要使用同理心表达的方式来同理对方。这种表达并不需要给对方建议，只要不断更换表达方式同理对方的情绪和话语就行。比如说，今天天气真糟糕，你可以换成今天雨挺大的；现在业务好难做啊，你可以回答“我懂”“是的”。

（2）换位感受

站在对方的立场上来思考，感受对方情绪。假设一位基层员工说感觉公司福利不好，而你是中层，明显优于对方。这个时候最好不要反驳对方的说法，说公司的福利还可以啊，这样的话很容易让对方站在你的对立面上。

先要放下自己的主观判断，问对方的感受，问对方为什么觉得福利不好的原因。或者可以具体同理是不是没有买保险等陈述。

这种方式可以让对方一方面觉得受到重视，另一方面也不会情绪和你对立起来。而且，假设你在对方的处境，发生对方的情况，你会怎么思考，你会怎么办。

（3）适度示弱

即使你在职场中的地位高于对方，这个时候也需要适度示弱，并不是说地位高的人一定要处处强势。

适度示弱几乎可以运用任何人，而且力量非常强大。人之所有为人，一个标志就是人具有各种情绪，与生俱来。所以，当他人能够同理到你的处境时，他就会有同情心或同理心。

六　解决问题五步法

（1）发现问题，了解真正需求；

（2）分析、诊断；

（3）提出假设；

（4）调查；

（5）验证。

七　逻辑树

通过逻辑树可以把一个已知问题当成树干，然后开始考虑这个问题和哪些相关问题或者子任务有关。

每想到一点，就给这个问题（也就是树干）加一个“树枝”，并标明这个“树枝”代表什么问题。一个大的“树枝”上还可以有小的“树枝”，以此类推，找出问题的所有相关联项目。

逻辑树主要可以帮助我们理清自己的思路，不进行重复和无关的思考。逻辑树能保证解决问题的过程的完整性；它能将工作细分为一些利于操作的部分；确定各部分的优先顺序；明确地把责任落实到个人。

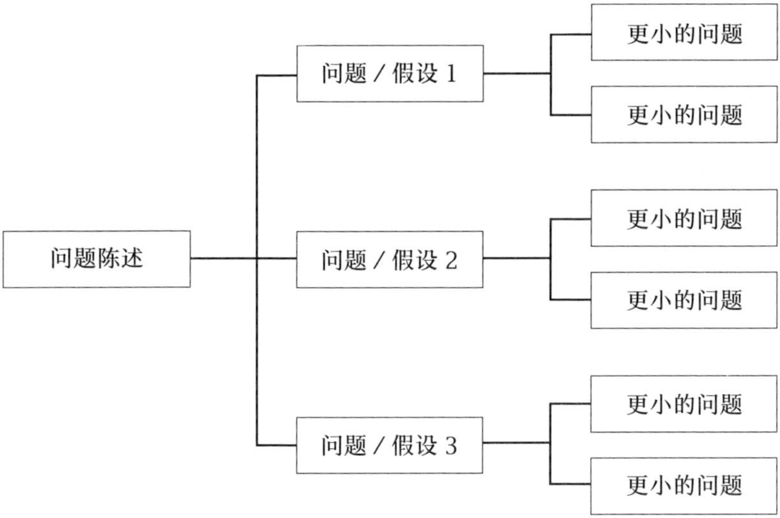

八　沟通四要素

（1）沟通的准备工作——知己知彼

擅长沟通的朋友一方面会重视对方的基本情况，甚至事先会做一些研究；另一方面，对沟通的目标及相关情况也会做一些了解，在一些重要的工作汇报上，这方面工作是否充分往往决定最终的结果。正如孔子说的“不患人之不己知，患不知人也”，意思是不要担心别人不了解自己，只担心自己不了解别人。

我们要知道根据沟通对象的不同而采取不同的策略，比如对中年人和年轻人的沟通方式应该有所区别，年轻人轻易接受的观点而中年人会认为不靠谱，相反的情况也很多。

沟通是要根据情景采取不同的沟通策略，不能固化、僵化，要根据不同情况、不同阶段、不同对象适度区分。如平级之间和下级和上级的沟通方式就是应该有所区别的。

最后，我们多花心思了解他人的情况，进而能够更多理解他人的想法和具体处境，客观上也会有助于减少一些误会。

（2）沟通的主体平等性

实际沟通过程中，因为我们代表公司，或者上级，或者甲方……也就是处于强势的一方。因为居于这样的地位，所以往往犯的错误就是盛气凌人，不尊重沟通对象。

习惯用命令式口吻对话，往往容易激怒对方。更为恶劣的是，强势的一方还会采取威胁的言论。

另外，一些盲目地引入第三方参与沟通的方式也并不可取，不仅不利于解决问题，反而会激发矛盾。

（3）先处理情绪，后处理问题

沟通前先要观察、洞悉到对方的情绪状态，如果不是很急且重要的事情，如果对方情绪不佳，改天沟通也是有必要的。

我们做营销时，一定要先解决掉客户的情绪问题，才有可能拿到单子，否则很大可能是做无用功。

（4）沟通的重点在目标，不要放在“你对我错”上

沟通的重点要放在实现沟通目标上，尽量求同存异。

然而，实际情况是，强势的一方，沟通中比较容易犯下的错误是并不是为了解决问题，而是论证自己的观点或者立场是多么正确。

不可否认，有些原则性问题是不应该轻易妥协的，但不要因此忘记了沟通的核心目标。

另外沟通的核心内容要适度强调，以免对方忘记或者没有充分理解意图。切记不要自以为是，认为我说过了，对方一定会知道。

九　SWOT

SWOT分析是20世纪80年代初由美国旧金山大学的管理学教授韦里克提出，经常被用于企业战略制定、竞争对手分析等方面，但完全可以用在自我评估方面。

Strength 优势 你有优势的领域，或一些独特的可利用的资源	Weakness 弱点 与目标、所承担职责差距的地方
Opportunity 机会 你可以利用的可能性，可以帮助你实现目标	Threat 威胁 与你实现目标或履行职责相差距地方

十 MBTI

MBTI的全名是Myers-Briggs Type Indicator，是美国心理学家凯恩琳·布里格斯和她的女儿伊莎贝尔·布里格斯·迈尔斯制定的。这是一种性格评估理论模型，用以衡量和描述人们在获取信息、做出决策、对待生活等方面的心理活动规律和性格类型。

MBTI把性格分析四个维度，每个维度上的包含相互对立的两种偏好：

E	外向	or	I	内向
S	感觉	or	N	直觉
T	思考	or	F	情感
J	判断	or	P	感知

- “外向E——内向I”代表着各人不同的精力来源；
- “感觉S—直觉N”“思考T—情感F”分别表示人们在进行感知和判断时不同的用脑偏好；
- “判断J—感知P”表明我们如何适应外部环境——在我们适应外部环境的活动中，究竟是感知还是判断发挥了主导作用。

四个维度上特定偏好的组合就构成一种特定的性格，如ISTJ代表“内向—感觉—思考—判断”型性格，ENFP则代表“外向—直觉—情感—感知”型性格。一共有16种分类：

ISTJ（会计、房地产经纪人、数据库管理、侦探）	ISFJ（内科医生、图书或档案管理员、特殊教育教师）	INFJ（室内装潢设计师、作家、心理咨询师、建筑设计师、培训师）	INTJ（设计工程师、建筑师、精神分析师、媒体策划、网络管理员）
ISTP（警察、计算机程序员、消防员）	ISFP（厨师、客户服务、护士、旅游管理、室内装潢设计师）	INFP（人力资源管理、翻译、大学老师、心理学家、社会工作者）	INTP（软件设计师、风险投资家、法律仲裁人、音乐家、大学老师）
ESTP（企业家、股票经纪人、房地产开发商、土木工程师）	ESFP（公关专员、销售、幼教老师、演员）	ENFP（演员、人类资源管理、平面设计师、广告客户管理、管理咨询顾问、心理学家）	ENTP（企业家、投资银行家、主持人、演员、广告创意总监、文案专员）
ESTJ（预算分析师、CEO、军官、房地产经纪人、工商类老师）	ESFJ（护士、运动教练、零售商、房地产经纪人）	ENFJ（培训师、人类资源管理、作家、社会工作者、杂志编辑）	ENTJ（法官、CEO、政治家、管理咨询顾问、房地产开发商）

每一种性格类型都具有独特的行为表现和价值取向，这个测试也有对应适合的岗位可以对照，被很多500强公司用于人才招聘和岗位的匹配等诸多方面。